U0209455

和服之美

关于和服的生活美学

[日] 泷泽静江 著

杜贺裕 译

海峡出版发行集团 | 鹭江出版社
THE STRAITS PUBLISHING & DISTRIBUTING GROUP

2018 年·厦门

序言

同一种和服有多种不同的名称。有的名称是根据染色技术取的，有的名称是根据布料质地取的。

举例来说，人们口中的友禅、小纹，都是根据染色方法所取的名字；绉绸就是按照制作和服所用的布料名称来称呼和服的。留袖、访问和服、付下、振袖等名称，则是结合TPO着装原则，按照出席场合的重要程度所取的。

因此，若要准确地称呼一件和服，可能是"用友禅染色法染色的绉绸缝制的访问和服"。

也有按照产地取名的和服，例如结城绸、大岛绸等。

由于在仪式庆典、日常生活中的一些特定场合需要穿着特定的服装，和服便应运而生，至今已经过了多年的发展。每种和服在不同的场合有不同的称呼。传承下来的和服名称是沿袭了人们的称呼习惯，既没有按照学术体系进行归纳，也没有进行分类整理，所以才会出现同一种和服对应多种名称的情况。

然而到了现代，和服离我们的生活越来越远，一代代将和服传承下去的可能性也越来越小，现在的年轻人可能经常会听到和服的各种名称却不知所云。

因此，我认为通过这本书将和服进行简洁明了的归纳整理是一件十分有意义的事情。

制作和服的布料总体分为两大类。一种是色织布，一种是匹染。

色织布是用染色的纱线织成的反物，代表种类有茧绸、御召、棉绊等。

匹染是先织布再染色，匹染布料有小纹染、红型染、友禅染等。

用白线纺织的反物称为白生地，代表种类有绉绸、绫、羽缎等。

因为制作工艺的不同，匹染和服也可叫作印染和服，色织布和服与之相对，可叫作绢织和服。

虽然两种和服布料的制作都需要染色与纺织，但是一个是先染后织，一个是先织后染，因此名称也有所不同。

本书从印染和服与绢织和服中选取几种代表和服，按产地进行介绍，希望能够让喜爱和服的人更加了解和服。

泷泽静江

目录

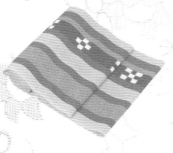

第四章 **和服的基础知识**

和服染织品产地

全国各地都有各自不同的染织品。本书主要介绍较为著名的、市场中流通的和方便购买的和服印染品。

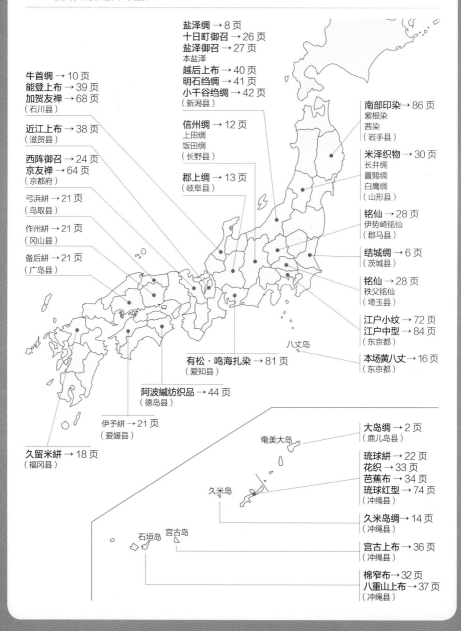

盐泽绸 → 8 页
十日町御召 → 26 页
盐泽御召 → 27 页
本盐泽
越后上布 → 40 页
明石绉绸 → 41 页
小千谷绉绸 → 42 页
（新潟县）

牛首绸 → 10 页
能登上布 → 39 页
加贺友禅 → 68 页
（石川县）

近江上布 → 38 页
（滋贺县）

西阵御召 → 24 页
京友禅 → 64 页
（京都府）

弓浜绊 → 21 页
（鸟取县）

作州绊 → 21 页
（冈山县）

备后绊 → 21 页
（广岛县）

信州绸 → 12 页
上田绸
饭田绸
（长野县）

郡上绸 → 13 页
（岐阜县）

南部印染 → 86 页
紫根染
茜染
（岩手县）

米泽织物 → 30 页
长井绸
置赐绸
白鹰绸
（山形县）

铭仙 → 28 页
伊势崎铭仙
（郡马县）

结城绸 → 6 页
（茨城县）

铭仙 → 28 页
秩父铭仙
（埼玉县）

江户小纹 → 72 页
江户中型 → 84 页
（东京都）

八丈岛

有松·鸣海扎染 → 81 页
（爱知县）

本场黄八丈 → 16 页
（东京都）

阿波缬纺织品 → 44 页
（德岛县）

伊予绊 → 21 页
（爱媛县）

久留米绊 → 18 页
（福冈县）

奄美大岛

久米岛

石垣岛　宫古岛

大岛绸 → 2 页
（鹿儿岛县）

琉球绊 → 22 页
花织 → 33 页
芭蕉布 → 34 页
琉球红型 → 74 页
（冲绳县）

久米岛绸 → 14 页
（冲绳县）

宫古上布 → 36 页
（冲绳县）

棉窄布 → 32 页
八重山上布 → 37 页
（冲绳县）

第一章

绢织和服

精心打造的泥染布料

大岛绸与结城绸虽然同属茧绸，然而大岛绸使用的是生丝，而非丝绵捻成的丝线。大岛绸除了有色彩明艳、布料轻柔、穿着清爽的特点之外，还因泥染的特殊工艺而格外结实。

大岛绸的花纹既有简单的十字绊，也有精巧复杂的图案，这些花纹都是通过绊表现出来的。据说这些花纹意在展现凤尾蕉等海岛的自然景物。

绊丝以前称为束绊。过去是手工扎染束线，现在则用缔织机按照图案扎染束线，进行编织。将缔织机纺织的布料（该布料被称作绊筵）先进行染色，拆解扎线后，再按照花纹纹路纺织。

大岛绸分为泥大岛、泥蓝大岛、草木染大岛、白大岛等。自从开始使用化学染料，色大岛也能够得以纺织。

整件和服由市松纹样构成。每一处花纹都是通过细绊纺织而成的。虽然面料是大岛绸，但图案充满了现代感。染色方式是泥蓝染，搭配合适的八挂或腰带能够在多种场合穿着。

大岛绸

（产地：鹿儿岛县大岛郡）

大岛绸的魅力在于鲜亮的颜色与柔软的触感

大岛绸以前用于制作普通居家服，后来升级为制作外出和服的布料，最近人们甚至也开始用大岛绸缝制付下和服与访问和服。

布料为深紫色草木染大岛，几何纹样通过经纬絣纺织而
成。比起反物，缝制成和服后更为华丽夺目。适合中老年
人穿着。

诞生于海岛自然中的色彩

泥大岛的染料是春天开花的厚叶石斑木（本地人称 teichigi），这种树木开的是一种类似于梅花的白色花朵，用它的树干熬出的汁液可以当作浸染丝线的染料。

先将丝线染为浅黄色，晾干后再染色，颜色便一点点加深。如此重复几十遍，直到丝线颜色浓重，便完成着色。

将染好色的丝线放入泥田，用手反复按揉。厚叶石斑木中的鞣酸与泥田中的铁元素相融合，可以令染出来的泥大岛结实耐穿、古朴雅致。而且，据说鞣酸有药用效果，可以预防女性妇科疾病，还可用作造血剂。

如果在这种泥染中加入蓝靛，就成了另一种染色方式——泥蓝染。

白大岛，采用了十字经纬絣。该布料一般用来制作男士和服，不过也十分适合女性穿着，既可以穿出潇洒之感，又能体现时尚气息，还能凸显高雅气质。

大岛绸制作流程

大岛绸制作流程复杂，在此仅介绍几个特殊步骤。

❶ 将厚叶石斑木树干捣碎，煎煮出茶色染料。

❷ 厚叶石斑木汁液。将丝线（或絣链）放入染料染色。该步骤重复次数越多，颜色越深。

❸ 泥染。只有专门的几处泥田能用来制作大岛绸。厚叶石斑木的鞣酸与泥土的铁元素发生化学反应，呈现出乌黑色。

❹ 使用缔织机纺织丝线，根据图案织成紧密的厚席状花纹。一般由男性完成此项工作。

絣链。经过防染后，捆扎的棉线部分仍为白色。

❺ 以厚叶石斑木汁液染色二十次、泥染一次为一组工作，重复四组，将布料染成黑色。

❻ 用染料给絣链上色。

和服正装使用的大岛绸

　　大岛绸做工复杂且耗时，价格昂贵也在所难免。但是因为大岛绸图案过于俏皮，一直被用来制作休闲的和服，很少用来制作正装。近年来市面上出现了具有正式感花纹的大岛绸，大岛绸开始用来制

7 解开捆扎绊缝的棉线后，丝线便印染上了颜色。

8 用织布机纺织丝线，整经对花织出绊纹样。

半身替访问和服，肩部的前襟到袖子使用了同种花纹。如此大胆新奇的样式，是通过整面细绊纺织得到的。

作访问和服。

　　在大岛绸村可以参观大岛绸制作流程，也可以体验泥染、手工纺织，试穿大岛绸和服，还可以购买大岛绸制品。

穿着建议

大岛绸由生丝纺织而成，质感丝滑，不贴身。一旦沾上污渍便很难去除，穿着大岛绸吃饭时需特别留意，不要沾上含酸的食物。

结城绸

（产地：茨城县结城市）

顶级的纺织技术，丝绸的最高代表

结城绸具有柔软、保暖的特点。纺织结城绸的纱线是用搓捻丝绵的方法制作而成的。搓捻丝绵时，需要用指尖蘸取唾液，仔细地捻出纱线。

在江户时代蓬勃发展的丝绸

结城绸被当作奢侈品的代名词，其来源却是奈良时代的"粗绸"，一种用生丝纺织而成的粗糙的丝织品。结城绸在室町时代被称作"常陆绸"，因被供奉给室町幕府而闻名全国。

江户时代以后，结城绸得到进一步的改良，花纹、质地更加精巧。据说原因在于，当时担任幕府代官[1]的伊奈忠次十分支持结城绸的发展，特意从信州（今长野县）的上田地区招募了技艺精湛的工匠。

结城地区作为城关镇[2]得以繁荣发展，因开放农耕而种植了许多高质量的桑树。于是，纺织业作为结城地区农民的副业而兴盛起来。同时，"结城绸"这一称呼也固定下来。

手工搓捻丝绵所制成的纱线

要织出一匹结城绸，需要数月时间和多道工序。纺织结城绸的传统纺纱技术、束绷、坐式纺织机都被认定为日本的重要非物质文化遗产。

要制作出精致秀美的结城绸，需要先将无法抽丝的碎茧或者双宫茧制成丝绵，再将丝绵搓捻成纱线，最后进行纺织。搓捻丝绵制成的纱线使得结城绸具备了轻软、保

素白坯布上的绷织纹样，使布料看起来纯白朴素。在早春穿着比初秋穿着更有清爽之感。

注：1. 代官：日本江户时代管理幕府的直辖地、征收租税的地方官。

2. 城关镇：领地城主所在居城附近的城镇。

暖、贴身等特点，因此深受人们喜爱。

　　结城绸的优质手感，正是来自用丝绵搓捻成的纱线。制作纱线时，需要用指尖蘸取唾液，一边搓捻丝绵一边引丝。做这项工作的人不仅要有精湛的手艺，还要尽量减少压力，以保持身体健康。

　　纺织一件和服需要 350 件丝绵，即便是熟练的工人，也要花三个月的时间来搓捻丝绵、引制纱线。

用细绀丝纺织而成。花纹极具现代感，乍看之下有点儿像印染和服。

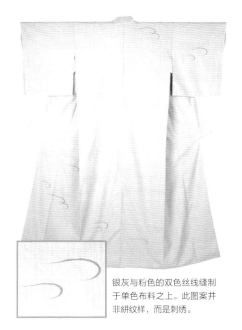

银灰与粉色的双色丝线缝制于单色布料之上。此图案并非绀纹样，而是刺绣。

带有古典风格的结城绸，该布料的特点是颜色比较丰富。此类花纹现常见于钱包或名片夹等配饰。

穿着建议

结城绸材质贴身，因此不容易走形。如果做成夹衣，可在 10 月至次年 5 月穿着。比起四五月份，秋冬季节更能凸显结城绸的材质优点。

盐泽绸

（产地：新潟县越后地区）

表面有凸起的小结，触感独特，样式朴素，别具风韵

「穿过县界长长的隧道，便是雪国」——《雪国》中描写的正是日本越后地区的雪景。盐泽绸诞生于银霜遍地的越后地区，是由丝绵纺织而成的，柔软保暖、润滑细腻。

由丝绵手工纺织而成的丝线，形成了盐泽绸独特的质感

汤泽、盐泽、六日町一带制作的绢织布料均称为盐泽纺织品。虽然本盐泽和夏盐泽也十分有名，但越后地区的代表性绢织布料非盐泽绸莫属。

如今，越后地区古代流传下来的越后上布绀织技术和条纹纺织技术仍在使用。不过不再使用上布所用的麻，而是使用丝绵手工纺织的丝线。因为原材料是丝绵，所以布料光泽度较低，表面有凸起的小结。这正是盐泽绸的独特之处。

细小的绀纹和条纹图案简单自然，淡雅却不失新意。

过去人们使用坐式织布机纺织，性能比较受限。自18世纪引进木编织机后，便有了批量生产布料的硬件设施。但由于纺织盐泽绸的丝线需要手工制作，还是无法进行大批量生产。盐泽绸因其舒适又独特的触感，一直深受人们喜爱。

和服和羽织同花同纹

过去经常纺织一匹（二反）[1]、细绀布料，然后制作一对和服和羽织。因为材料轻快且保暖，在退休老人中大受欢迎。

用盐泽绸制作的女士和服稍显单调，搭配一条合适的腰带则别有一番风味。选择带有小结的粗线绸单色腰带则给人以洋装之感，更体现出绢织布料双搭配的风格。

如今，盐泽绸缝制和服又有了新的时髦做法：将织有男性和服花纹的一匹盐泽绸一分为四，做成女性穿着的和服。

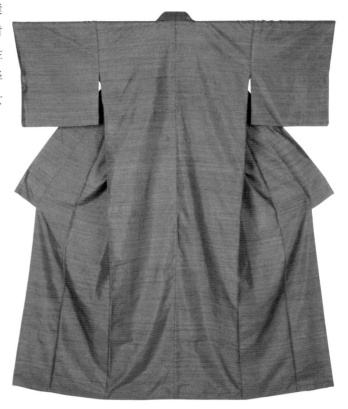

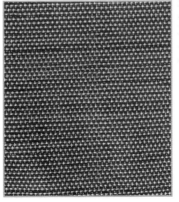

注：
1. "匹"与"反"："反"为布帛单，通常可做一人份的和服衣料，一般用日本鲸尺量宽为九寸，长二丈六尺或二丈八尺。二反为一匹。
2. 盐濑横棱纺绸：纺绸的一种，经纱密、纬纱粗、带横纹的丝织品。
3. 绉绸：布料表面上织出细密皱缩花纹的丝织品。

本是用于制作男士和服的细小十字絣，但图为用该布料缝制的女士和服。只需更换搭配的八挂，便适合各个年龄层的人穿着。手织丝线使得布料更加亲近肌肤，触感舒适。

穿着建议

在选择和服腰带的式样时，相比较于盐濑横棱纺绸[2]这样颜色鲜艳的布料，茧绸或者绉绸[3]则与盐泽绸布料的和服更加搭配。

牛首绸

（产地：石川县川郡白峰村）

使用双宫茧蚕丝纺织纱线，布料结实且富有弹性

白峰村以前也叫牛首村，因此该布料叫牛首绸。关于牛首绸，还有一句俗语：『牛首绸上钉钉子，绸未破，钉先落。』由此足见它的结实程度，因此牛首绸又有『落钉绸』这一别称。

从双宫茧中直接引丝

据说在平治之乱中，平安远逃的源氏家族的后代继承了机织技术，而后创造了牛首绸，这种布料的制作方法一直传承至今。它的主要材料原本是麻布，但从明治末便开始生产丝绸质的牛首绸。

牛首绸的特点是将双宫茧作为原材料。双宫茧指的是茧内有两粒或两粒以上蚕蛹的茧，比里面有一粒蚕蛹的茧更大更饱满。双宫茧的蚕丝较粗，织工很难一边调整蚕丝粗细一边引丝，所以通常会把双宫茧作为次品处理，将双宫茧或者废茧制成丝绵再进行纺丝。

然而，牛首绸的制作方法又有所不同。首先将双宫茧放入90摄氏度至100摄氏度的沸水中，然后边煮边引丝。这需要操作者的动作非常熟练，这样一来可以达到丝粗、结实的效果，并且引出的丝也有独特的韵味。

用双宫茧蚕丝制成的白色牛首绸看上去自然朴素。与普通条纹花样不同，牛首绸白雪一般的图案美得如诗如画。

穿着建议

以结实闻名的牛首绸有很好的弹性，因此适合身材苗条的人穿着。体格较为健壮的人，也可以将其做成薄的和服内衣[1]或者单衣[2]穿着。

注：1. 和服内衣：套穿几件和服时，穿在最外层衣服里面的衣服。
2. 单衣：无衬里的和服，一般在6月至9月穿着。

郡上绸

（产地：岐阜县郡上八幡）

野蚕丝丝绸

平家流亡者创作，植物染色的

郡上绸是由平家流亡者[1]传承下来的丝绸，用草木染[2]方法进行染色。色彩朴素，质地温暖，并且从郡上绸的图案中可以感受到当时日本京城贵族自身高雅的艺术品位。

朴素与风雅兼备

郡上绸使用的是日本稀有的蓖麻蚕丝。蓖麻蚕原产于印度的阿萨姆邦。用蓖麻蚕丝纺成的纱线十分结实，用这种纱线制作的一件和服甚至可供祖孙三代人穿着。除此之外，郡上绸还兼具日本丝绸与羊毛的双重触感。

在郡上这个地方，还留存着平家流亡者所创造的独特的本土文化。

大家都知道著名的郡上舞[3]，而郡上纺织品也同样闻名遐迩。郡上纺织品据说来源于平家流亡者在郡上所创造的布料。他们通过纺织野蚕丝，后用花果植物的叶、皮、根茎等进行染色，再结合自身高雅的品位制作出了最初的郡上绸。

郡上绸曾经几近失传，后经过宗宏力三的毕生努力，于1947年再次复兴了郡上绸及其纺织工艺。

穿着建议

与其说是丝绸，郡上绸摸起来更像是羊毛。郡上绸虽然花色朴素，但足够雅致考究，因此与浅色的和服腰带比较相配。

布料的暗绿色是通过"草木染"方法染色所得。虽然整体是格子花纹，但是色彩给人一种亲切恬静的感觉。

注：1. 平家流亡者：日本平安时代末期，在源氏和平氏两大武士家族集团为争夺权力发起的"治承·寿永之乱"（源平合战）中败北的平氏家族的幸存者。
　　2. 草木染：使用天然的植物染料给纺织品上色的方法。
　　3. 郡上舞：在岐阜县郡上市八幡町（通称"郡上八幡"）举行的传统盂兰盆舞。

11

历史悠久的信州绸

信州绸是上田、饭田、伊那、松本等长野县（古称信州）各地区茧绸的总称，不同产地的茧绸有各自的特点。

信州绸原本是草木染织品，历史悠久，据说可以追溯至天平时代。天正十一年（1583年），真田昌幸在建造上田城时，为鼓励使用织布机而大力发展纺织业。信州地区的真田织就是根据真田昌幸命名的，其制作材料是椴木皮、苎麻、野蚕等。

到了江户时代，信州各藩都大力发展养蚕业，因此能够生产出品质上乘的布料。

信州绸中的代表绸缎——上田绸从17世纪后半叶开始真正得以发展。19世纪前叶，人们开始在结实坚韧的信州绸上印染蓝染棋盘格纹，也就是格子图案与条纹图案。人们当时将信州绸称作江户和大阪之间的"绸飞脚[1]"。

不同地区的绸缎各具特色

上田绸又称"三里绸"，因为它太结实，不易破损，以至于里子都换了三回还能接着使用，所以有了这个别称。

后来，饭田和伊那地区也开始用双宫茧和碎茧纺丝，然后用周边的植物进行染色。

松本地区的茧绸

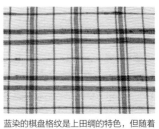

蓝染的棋盘格纹是上田绸的特色，但随着现代科技的发展，也可以通过化学染料染出多种色彩。这种花纹即便做成单衣也十分清爽。

注：1. 飞脚：日本古时传递紧急文件、金银等小件货物的搬运工。

（产地：长野县）

信州绸

本为草木染织品，图案主要以条纹和格子为主

早在昭和五十年（1975年），信州绸就被认定为日本传统工艺品。信州绸本是私人使用的布料，因带有浓厚的本地风土气息而形成了自身独特的风格。

使用的是南安阴郡穗高町有明区的天蚕丝，面料富有光泽，轻快柔软。纯白的山茧绸因可用来匹染染色，近来深受人们喜爱。

上田绸质地厚实且坚韧，做成单衣，可在 5 月下旬较热的天气和 6 月穿着。

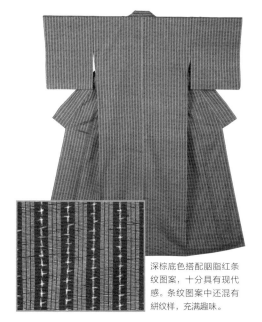

深棕底色搭配胭脂红条纹图案，十分具有现代感。条纹图案中还混有绊纹样，充满趣味。

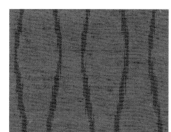

藏蓝底色搭配胭脂红立涌纹样，呈现出一种青春的活力。选择合适的腰带颜色和打结方式，则十分符合年轻人的气质。质地柔软，可做成袷。

穿着建议

信州绸图案多为条纹和格子，看上去十分休闲。选择合适的腰带打结方式和相应的配饰，能够穿出信州绸的摩登感。

久米岛绸

（产地：冲绳县岛尻郡久米岛町）

织手法

产自琉球王朝的精细纺

久米岛绸图样具有浓厚的民族特点，底色多为深棕色。和大岛绸一样，染色方式是泥染，布料的纺织则需要匠人的耐心与投入。

厚叶石斑木与泥糊融合创造的色彩

久米岛绸又称为琉球绸，使用的丝线是丝绵纺织的丝线或者是搓捻双宫茧粗丝得到的丝线。

久米岛绸的特别之处在于泥染过程。先将厚叶石斑木树干熬出汁液，将丝线多次放入汁液中染色。然后，将丝线放进泥糊中。厚叶石斑木中的鞣酸与泥糊中的铁元素融合，把丝线染成接近黑色的深棕色。最后，用捣衣石拍打丝线，以形成其柔软的触感。

久米岛绸的泥染技法与本场奄美大岛绸的泥染技法基本相同，据说，奄美大岛绸的染色技法是从久米岛流传过去的。

久米岛绸的特点是一个人完成制作的所有流程。即便是同种颜色的坯布、纺织同种绯纹，每个人纺织出来的图样和选择的颜色也都有各自的特点。

14

上等的贡品布

久米岛位于冲绳岛以西约一百千米的海上，古代两岛间的贸易往来就十分频繁。由于受多种文化的影响，早在以芭蕉布、麻、棉花等为主要材料的年代，久米岛人就已经开始纺织绢织绸缎了。

几乎所有地区都把绢织品用作贡品布料，久米岛绸也不例外，它是琉球王朝的上贡布料。因此，这就要求久米岛绸要有上好的质量。于是，在类似于公共工厂的"布屋"里，会有官吏对工人进行指导。

为了每年的年贡，年龄在十五岁至四十五岁之间的妇女会被召集起来纺织久米岛绸，这一传统一直延续至明治时代。

将菝葜和厚叶石斑木的汁液作为染料，与含有铁元素的久米岛岛泥混合在一起对布料进行染色。然后用捣衣石拍打布料，润色出光泽。通过一系列复杂的过程，最终形成了图示的素雅深棕色布料。

穿着建议

相较于盐濑横棱纺绸，读谷的花织、红型绸、黄八丈材质的腰带更适合搭配久米岛绸。并且，久米岛绸质地比较轻薄，整理折叠时请小心，避免过度用力。

本场黄八丈

（产地：东京都八丈岛）

江户时代，平民家庭的女孩钟爱的布料

不仅是普通人家的女儿使用黄八丈，将军也经常把本场黄八丈作为礼物赐给大名或侍女。人们认为黄色能够去除污秽，因此该布料也十分受人尊重。

八丈岛的蚕和植物共同孕育的布料

江户时代后期，黄八丈作为年轻女孩制作和服的代表性布料而引领潮流。色彩鲜艳、结实耐穿、亲肤舒适的特点使其大受欢迎。"黄八丈"的意思是"八丈岛生产的黄色绢织品"，不过，据说"八丈岛"这个地名反而因"黄八丈"的名称所得，意为"生产八丈（24米）长布料的地方"。

上等的黄八丈使用的蚕原本并非本地蚕，而是古时候传入八丈岛的舶来品。染料使用的是岛内自生的青茅草。

先用青茅草煎煮出的汁液对丝线进行染色，再放在阳光下晒干，如此重复多次。之后，再用山茶和柃木的灰制作的碱水进行媒染让丝线显色，最终便得到了闪亮的金黄色布料。

遗憾的是，现在自生的青茅草和天然蚕茧的数量变得越来越少。

格子花纹是代表图案

黄八丈的基础图案是格子花纹，印染花纹的红褐色染料取自樟科植物红楠的树皮。

有时也会印染黑底黄格的黄八丈。黑色染料由干燥的锥栗树皮制成。染色之后的步骤与大岛绸相同，需要放

黄八丈腰带。用粗丝纺织而成，不使用八寸幅和带芯，直接锁边使用，看起来更像是民间工艺。

入含有铁元素的泥糊中进行泥染。

　　虽然有秋田地区的黄八丈、五日市的黑八丈，但这些八丈一般统称为秋田八丈，与本篇所说的本场黄八丈并不相同。

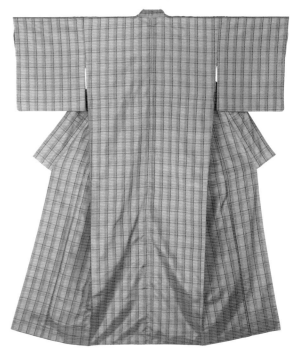

图案是普通的黄八丈格纹，底色偏素雅，适合中年人穿着。同种黄八丈制作的腰带更适合搭配此和服。

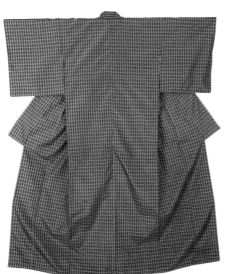

用锥栗树皮制作的染料染底色，图案是黄色格纹。此黄八丈的格纹比一般黄八丈的格纹小，相较之下更为精致玲珑。

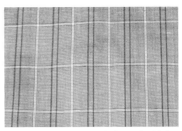

黄八丈长八丈，是一般反物长度的两倍，过去一匹黄八丈常用来制作和服和羽织的套装。

穿着建议

黄八丈的格纹图案，原本不能在正式场合中穿着。然而现在八丈岛的女孩也会穿着纺织底纹的素色黄八丈振袖和服参加成人式。中年人最好选择底色较为朴素的黄八丈。

经线与纬线均为绊丝

"絣"这一名称来源于飞白样式的花纹[1]，据说是从东南亚传入日本的纺织技术。各地区都有自己独特的絣织布料，而久留米絣可称为"絣中王者"。久留米絣的特点是：棉布、手结式絣丝、正蓝染、手工纺织。一般的絣织布料使用的是染有絣纹样的经线和单色纬线，然而久留米絣使用的经线与纬线都是染有絣纹样的丝线。这种织染技法叫作"经纬絣"，可以完美地展现出絣纹样的图案。江户时期，有马藩屡屡颁布俭约令，鼓励使用棉花纺织布料。正是在这种时代背景下，才形成了久留米地区的棉花絣织技术。

麻叶图案的久留米絣。这种图案较大的布料常用来制作女士和服，男性和服一般不使用。适合各个年龄层，只要更换八挂的颜色，无论年轻人还是年长者，都可以穿着。

久留米絣

（产地：福冈县久留米市）

原本用来制作学生的弊衣破帽，织纹精细且布料坚韧

久留米絣使用的是细絣，因用于制作二战前学生的服装而出名。结实的布料能够久穿不破，因此受到男学生的喜爱。

手工纺织的絣纹样

为了在靛蓝色坯布上纺织出清晰的絣纹样，最重要的是先手工捆扎絣丝。用粗苎皮捆绑布料染色后，捆扎的部分就呈现出白色。

将捆扎的丝线放入靛蓝染缸中一遍又一遍地染色，每次将丝线提出染缸时，都要用力拧挤丝线，再使劲摔向地面。通过这一过程，可以让空气进入丝线之间的空隙，使靛蓝染料酸化，从而能够进行彻底的染色。

如此染色的絣丝被分为经线和纬线，可以纺织出精巧的絣纹。不过纺织也是一项重要并且相当有难度的工作。如果

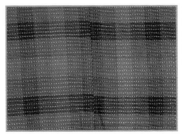

久留米絣鲜有的明亮蓝色和新式设计，格子图案由细絣纺织而成。本图中的久留米絣是重要的非物质文化遗产技术持有者森山虎熊的作品。

精心培育的蓼蓝

久留米絣所用的染料是蓼蓝，这一种"挑剔"的植物，培育过程十分艰难。制作这种靛蓝色染料的蓝玉又称为"茅草"，这是因为蓝玉对温度十分敏感，温度稍微降低就需要给蓝玉铺上茅草。种植人如果没有抱着茅草睡觉的热情，就无法收获上等的靛蓝材料。

清晨气温微凉，种植人需要给蓝玉盖上稻草，否则就会影响染料的颜色。为了能够感知温度细微的变化，即便在冬天种植人也要微微开着窗户睡觉。如果感觉温度下降了，就要赶紧起来给植物再盖一层稻草。这种温度的感知和调整并非易事，因此培养蓝玉需要种植人的身体力行和关怀照料。如此，才能得到颜色正宗的染料。

针脚不整齐，会大大影响美观。

久留米絣结实耐用，越洗白色就越突出。因此，久留米絣在男学生中十分受欢迎。

远远看去仿佛是单色布料，实则是十字絣纹。纺织此类十字纹时，经线与纬线不能有丝毫偏移，因此需要纺织人非常有经验。图片为男士和服，没有女士和服的折卷，按照身长缝制。袖子叫作"人形"，甩袖部分缝合。

穿着建议

久留米絣如今已成为常用的布料之一，样式也更加时尚、精致。因为布料是靛染布，所以在穿着之前最好去吴服店进行固色，防止褪色。

注：
1. 日语中"飞白"的发音与"絣"的发音相似，故而将此类类似飞白样式的花纹取名为"絣"。

不同地区的絣纹样

日本不同地区有不同风格的絣纹样。现在比较著名的有久留米絣、弓浜絣、备后絣、作州絣、琉球絣等，其他絣纹样例如仓吉絣、广濑絣、大和絣、萨摩絣、岛原絣等如今已失传。

絣织布料较为著名的产地有岛根、冈山、广岛、爱媛等，这些地区的地理位置较为接近，因此人员往来和文化交流也十分频繁。絣织技术从海外传入日本后，在各个地区都有各自不同的发展，创造出丰富多样的絣纹样，形成了现在"百花齐放"的局面。

弓浜絣

产地：鸟取县米子市·境港市

弓浜絣的原型是从伊予传入鸟取县的绘絣。通过印花纸板印染纬线上的图案，使得曲线更加精密细致。这种制作方法叫作"标准丝线绘制"。弓浜絣质地坚韧，因此做成夹衣的话会比较沉。和服衬里最好选择较为单薄且结实的布料。

伊予絣

产地：爱媛县松山市

伊予地区的绘絣布料的用途原本是制作女孩出阁的服装或者是招待客人的坐垫，因此图样多是吉祥的图案。到了现代，人们可以使用蚕纸纺织出更为复杂的图样。

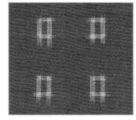

备后絣

产地：广岛县福山市

据说备后絣最初的花纹是井字纹。过去都是用粗丝条纹棉布来纺织图案的，但在幕府末期到明治时期这段时间里，人们开始改为纺织絣纹。

作州絣

产地：冈山县津山市

受仓吉絣的影响，作州絣的样式多为藏青底色布料搭配绘絣花纹或者几何絣花纹。作州絣曾经一度失传，但纺织厂主衫原博经过不懈努力，再次振兴了作州絣。藏青底色与鲜明的白色花纹是作州絣的特点。

琉球絣

（产地：冲绳县岛尻郡南风原町）

南国孕育的质朴绣纹

琉球絣原本是指用冲绳岛的山靛染色的藏青色绣织布料。因无法批量生产，现在是珍贵的民间艺术品。

原型是冲绳岛内的絣织棉布

古时，冲绳岛的纺织品只在棉线上纺织絣纹，因此"琉球絣"曾是絣织棉布的代名词。

冲绳本岛生产的琉球絣，经过了多次染色、水洗等流程，十分结实牢固，并且布料是格外鲜明的藏青色，看起来雅趣十足。

在这一时期，在丝绸或棉布上印染、纺织絣纹的冲绳布料就叫作"琉球絣"。

海岛风韵的主题图案

琉球絣原本是只有纬线是絣丝的"纬絣"，随着冲绳与日本本土地区交流的日益兴盛，也出现了经纬线都是絣丝的"经纬絣"。

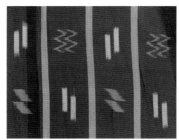

深蓝色底色搭配宽幅竖型条纹。条纹之间的图案是名为"chisagii"（冲绳方言，意为"下降"）的经絣花纹与水琉球花纹。

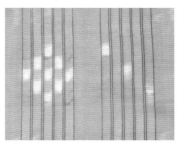

该布料是首里上布，纺织材料是驹织纺丝。质地明亮清透，适合夏季穿着。图案以格纹为主，但也有如图中所示的条纹。在方格和方格、条纹和条纹之间通常纺有白玉绣纹。

琉球絣的花纹样式繁多，其中具有代表特色的一种花纹是飞鸟样式的鸟琉球花纹、水纹样式的水琉球花纹、名为"万丈"的经纬绊花纹、名为"chisagii"的经绊花纹组合的绊纹样。

琉球在江户时代曾受萨摩藩统治，琉球绊作为上贡的纺织品上交官府，被称作"萨摩绊"。因此人们常说的萨摩绊其实就是琉球绊。

冲绳本土的茧绸琉球绊。乍看与久米岛绸相类似，但底色偏向金褐色，没有黑色。虽然是丝织材料，却有明亮的光泽。

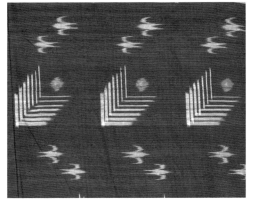

图示布料的绊纹是钩形万丈经纬绊花纹与飞燕鸟琉球花纹的组合。原本只有棉布使用此花纹，现在在丝绸上也能看到该花纹。

穿着建议

冲绳的纺织品有自己独特的风格，充满了南国风情。因此，带有冲绳本土的花纹和色彩的腰带更适合搭配琉球绊和服。

西阵御召

拥有细腻的光泽和雅致的皱缩花纹，是将军钟爱的纺织品

德川家齐十分喜爱此布料，因此取名『御召』。缝取、细条、纹等高级御召，在二战前是普通百姓广泛使用的布料。

清爽触感唯御召，绉绸感叹不可及

御召是御召绉绸的简称，原型是江户时代的条纹色织布绉绸——柳条绉绸。

当时，柳条绉绸被当作贡品献给德川家第十一代将军德川家齐。德川家齐十分喜爱这种布料，于是专门召唤人为柳条绉绸设计家纹，制作成御用绉绸，西阵御召也因此而得名。

西阵御召又分纹御召、絣御召、条纹御召、单色御召等。西阵御召是色染布的代表纺织品，从古至今一直作为上等布料，深受日本人喜爱。

西阵御召拥有绉绸本身的光泽和皱缩花纹，但是质地不如绉绸柔软。这是因为御召的丝线经过提纯后，除去了本身的丝胶蛋白。并且，经过染色后，丝线会变得更加坚韧干燥。

悉力捻丝成图样，皱缩花纹独一家

西阵御召纬线是由合股纬线经过强有力的捻搓后制成的，因此将纺织好的布料放入温水中，丝线会再次收紧，便形成了绉绸的皱缩花纹。丝线收紧后布料的面积就会缩小，需要用拉幅机将织物延展开。

色织布的御召可以纺织出复杂图案的提花花纹。图示提花花纹御召制作于昭和五十年（1975年），细腻温润的光泽十分雅致。

御召所使用的丝线也是上等品，这样绸缎才能拥有独特的光泽和高级的质感。因此人们喜欢将御召制作成外出和服，或者是配有相应图案的简便和服。

缝取御召。用缝制提花花纹的方式在御召绉绸上纺织出纹饰，此类纹饰类似于刺绣，这种纺织技法叫作"缝取"。

缝取御召。在光泽鲜亮的绫御召上刺绣出缝取纹样。过去的普通百姓没有现代穿着的访问和服，但是如果要会客或者外出，通常选择御召和服并搭配格纹腰带。

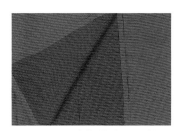

风通御召。双面异色花纹织法，属于纹织，正反颜色的不同也是风通御召的情趣之一。

穿着建议

御召分为御召绉绸、风通御召、缝取御召等，但大都为高贵雅致的风格。因此腰带最好也选择相同风格的布料与纹饰。

25

十日町御召

（产地：新潟县十日町市）

十日町是纺织品的重要产地之一，『十日町御召』因此得名

十日町生产的御召就叫『十日町御召』。十日町地区制作适合不同场合穿着的绢织品和染织品，例如御召、丝绸、中振袖等。

热衷于开发新产品的十日町

十日町纺织品可谓历史悠久。据记载，十日町在天明年间（1781—1789）生产了二十万纺织物，其中包括以雪晒而闻名遐迩的越后上布。雪晒技术在不久后得到了拓展应用，在19世纪初制造出了绉绸薄绢。

明治年间，人们又相继发明了平薄绢、壁薄绢、绉纱薄绢等夏季织品。

从大正末年开始，十日町开始盛行研究开发秋冬用织品，直到昭和年间研制出了马约里克御召，一时引领了潮流。

十日町御召的印花方式类似缝取御召的刺绣式，因此十日町御召虽是绢织和服，却能晕映出如同印染花纹一样多彩和夸张的图案。

注：1. 马约里克彩陶：意大利产的软陶。

马约里克御召的羽织。昭和三十年代，马约里克御召可谓炙手可热的人气宠儿，深受人们喜爱。看到马约里克御召，脑海中就能浮现出马约里克彩陶[1]那明亮耀眼的色彩。

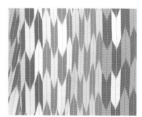

连续纹样的箭羽絣纹。从明治年代一直到昭和年代，女学生和服裙裤的固定花纹都是此箭羽图案。

穿着建议

御召不耐潮，在梅雨季节或是雨天穿着时容易缩皱。解决方法是将御召材质的和服悬挂在屋内，如此一来表面的御召材料就能够恢复原状，不过悬挂时间不宜过长。

细絣织成的惊艳图样

以盐泽为中心的这一带地区所生产的纺织品与御召相似，因此称为盐泽御召。盐泽御召的花纹由细小的絣纹样组成，因此也被称为盐泽絣。盐泽这一地带的土壤适宜种植麻科植物，在8~9世纪一直生产上等的麻布织品，盐泽地区的纺织品也因此得以发展。

盐泽御召虽然是绢织物，但是纬线使用的是八丁合股线或者是顺时针搓捻而成的强捻线，从而制作出御召表面的皱缩花纹，因此盐泽御召摸上去并无丝滑感。

即便到了现代，制作盐泽御召时仍然重视古代传统，使用手工织布机进行纺织。十日町与盐泽地理位置接近，十日町生产的御召有时也称为盐泽御召。为了与十日町地区的御召区分开来，盐泽地区的御召也叫本盐泽。

十字纹和龟甲文的特点是花、鸟和几何图案的组合花纹。

底色为黑色，絣纹为赤色，衣料上的大片花纹也是由细絣丝纺织而成。

穿着建议

手感清爽的盐泽御召如果做成袷，适合在5月和10月穿着，深受和服达人喜爱。但在6月和7月，盐泽御召比较适合做成单衣。

盐泽御召

（产地：新潟县越后地区）

朴素如细絣密条

虽然盐泽纺织品历史悠久，但是现代人们纺织盐泽御召时并没有禁锢在古代的传统之中。

（产地：埼玉县秩父市·郡马县伊势崎市）

铭仙

凭借复古风潮强势回归

铭仙多用于制作女学生的便服、背婴儿穿着的棉罩衣、坐垫等，在普通百姓中得到了广泛使用。

质地结实，手感光滑

铭仙曾在一段时间内销声匿迹，凭借近来流行的复古风，得以重新回到人们的视野中，并且在年轻人中间获得了相当高的人气。

埼玉县的秩父铭仙和郡马县的伊势崎铭仙最为有名。秩父铭仙的特点，一是材料为碎茧，二是采用了解织印花的染色方法。解织印花指的是将解织的布匹进行型染，在本织的阶段松开纬线，重新加入单色纬线的手法。型染可以自由表现曲线纹路，并且在重新加入纬线后，图案上也会形成独特的晕染效果。

铭仙是平纹色织布，表里花纹相同，因此在翻新衣物时可以自由处理，十分实用。再加上铭仙的布料结实，手感光滑，因此深受人们喜爱。

明治时期拥有高人气的伊势崎铭仙

伊势崎铭仙的原型是江户时期的粗绸。伊势崎铭仙的绯纹精美绝伦，足见匠人在研究绯织技术方面煞费苦心，而伊势崎铭仙也凭此在明治时期成为销量的佼佼者。

铭仙虽是丝绸，

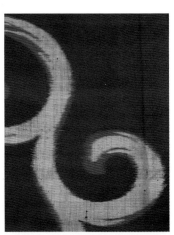

秩父铭仙。采用了解织印染的方式，纹路呈现模糊、朦胧之态。背婴儿穿着的棉罩衣和羽织等比较喜欢用这种大片花纹的图案。

但价格实惠又结实耐用，因此在二战前得到了广泛使用，一直是百姓制作日常着装和访问和服的主要材料。

二战后开始流行羊毛质地的和服，铭仙因此也一度销声匿迹。然而最近铭仙"重出江湖"，也出现了新式铭仙织物。

这是一件二战前的铭仙，现在看来并不过时。虽是传统的铭仙，但是色彩鲜亮时尚。

铭仙绊。这类绊织布料经常用来缝制袴下面的衬裤或是学艺时穿着的服装。

伊势崎铭仙。二战后，伊势崎也开始纺织具有现代风格的图样。在马蒂斯备受日本人称赞和欣赏的时期，铭仙的用色如同绘画一样夸张、强烈。

穿着建议

近来流行的复古热，让铭仙重新成为时尚宠儿，如此大片的花纹似乎很容易引起人们的乡愁。铭仙格外受年轻人的青睐，可以做成便装或者日常外出的服装。

米泽织物

（产地：山形县米泽市）

代表绸缎——幻绸／白鹰绸

知名绸缎——长井绸／置赐绸

米泽生产丝绸、扎染布料、腰带面料等，这些织物都称为米泽织物。

从小千谷远道而来的纺织技术人员

山形县的米泽是上杉家的城关镇。米泽拥有良好的土壤条件，自古以来就是苎麻的栽培地和养蚕地，但是并不生产纺织品。上杉家的中兴之祖上杉鹰山积极推进产业奖励政策，推动米泽成为著名的纺织品生产地。

上杉鹰山为了促进纺织业的发展，采取了一系列措施，例如从越后的小千谷招募纺织技术人员，在领地建设纺织厂，让藩士[1]子女学习纺织技术等。

以稀为贵的传统纺织品

米泽织物的发展在明治后期到大正时期这段时间达到了全盛期，然而到了现代，其势头逐渐衰退，只是作为一种缝制和服的布料，趣味性大于实用性。

米泽织物中比较出名的是长井绸、置赐绸、白鹰绸等。这些绸缎都是米泽的传统布料。它们的名称是根据地名所

该米泽织物本是明治时期生人的祖父穿着的和服，祖母晚年将其改造为女士和服。虽然是用粗丝纺织而成，但是表面却有细腻平滑的光泽，这也是许多喜爱和服的男士钟情于米泽织物的原因。

注：1. 藩士：大名的家臣。

30

起的，都有各自的纺织技法，原本是平纹色织布，使用红花、蓼蓝、青茅草等进行草木染色。

米泽织物的花纹特征是以龟甲纹、十字纹、蚊绯纹为主的细绯。这些纹样与井字纹、飞鸟图案等琉球绯比较相似，因此也称为"米琉"。

现在，白鹰绸叫作幻绸，据说在吴服店预约后要等半年到一年才能拿到成品。

长井绸、置赐绸的产量也较小，在长井、置赐生产的布料也就统一称为置赐绸。

明治时期的米泽织物。米泽人从不在纺织上偷懒怠慢，这充满时尚感的条纹花纹便是他们精心设计的成果。

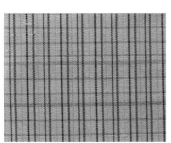

米泽黄八丈是在昭和三十年（1955）左右创造出来的一种布料。与本场黄八丈、秋田八丈不同，米泽黄八丈坚持染织米泽自身所特有的色彩。

穿着建议

米泽织物现在主要用于制作雨衣和袴，不过一些具有欣赏价值的布料依然深受人们的喜爱。米泽织物有传统纺织品独特的质朴，在进行穿着搭配时最好能体现面料本身的典雅和高贵。

棉窄布

（产地：冲绳县八重山郡竹富町・石垣市）

小岛姑娘的心意，藏在这一针一线纺织出的绊纹里

棉窄布过去主要用来制作琉球服饰的角带，现在主要用于制作钱袋、小布兜等类似民间工艺品的配饰，同时也是半幅带、名古屋带等的制作材料。

特殊的绊纹样

棉窄布是竹富市的舶来品，绊纹独特，类似市松图案，人们将这种绊纹样称为"玉"。一块棉窄布一般由四个玉和五个玉组成，布料两边的边饰是垂散的细线，好像蜈蚣足。这种设计并非平白无故得来，其中是有缘由的。

棉窄布在过去是婚约的象征，冲绳岛的女孩把它做成角带，当作礼物赠送给男方，样式一般是蓝底搭配白色棉绊丝。

当时冲绳地区实行走婚制，据说想念丈夫的妻子，以及对从日本本岛来到冲绳的游子或官员产生爱慕之情的女子，希望爱人的心能够坚定不移，于是祈求："即便他的足迹遍布五湖四海，我们也能够常来常往，就像那蜈蚣足一般亲密无间。"因此女孩们在布料上分别纺织四个玉和五个玉，并且在两侧设计了如同蜈蚣足一样的边饰。一块棉窄布不仅是一件纺织品，更蕴含了女子心中深切的思念。

该棉窄布拥有三百年历史，基本样式是靛蓝布与白色棉绊丝的组合，不过也有茶褐色底色与黄色绊丝的搭配。

用细的横段条纹来表现蜈蚣足。虽说图案一般都是用有四个玉和五个玉的组合，但是也并非全部，例如图示棉窄布。

穿着建议

棉窄布具有鲜明的本地风格，比较适合棉绊和服和条纹和服。如果搭配丝绸，最好不要选择红型这一类的染织和服，应当搭配民间工艺式的粗犷型和服。

花织

（产地：冲绳县那霸市·读谷村）

从南方传入的传统纺织品

据说大约五百年前，花织从南方诸岛传入冲绳。只有高雅考究的首里花织，才能被高审美、高要求的琉球王朝的百姓所接受。

两种不同风格的花织

花织分为首里花织和读谷花织。

首里花织被琉球国的上层阶级用来制作正式场合穿着的服装，首里花织不使用彩线，后期通过在纯色的坯布上纺织图案来表现不同的风格。丝绸是主要材料，也有麻布、麻和芭蕉布的混纺等，材质范围十分广泛。样式朴素简单，但是不落世俗，典雅之中别具风韵。

另一种是读谷花织，材质主要是棉线。它的纺织方式与首里花织有所不同，是用深蓝色的丝线纺织成坯布，彩线纺织的花朵图案是浮雕花纹，看起来像是浮在底色上面。这些红、黄、褐、绿的色彩鲜亮夺目，娇翠欲滴，好像是真正盛开的鲜花。

年轻的女孩们以前经常制作复杂的花织围巾，将自己的心意融入其中，把花织围巾送给自己心仪的男孩。

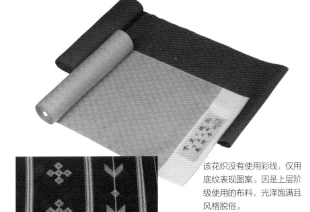

该花织没有使用彩线，仅用底纹表现图案。因为上层阶级使用的布料，光泽饱满且风格脱俗。

读谷花织来自渔村和农村，深受底层百姓喜爱。读谷花织多使用彩线，风格华丽，经常让人误以为是刺绣。

穿着建议

首里花织的丝绸材质使和服穿起来更加贴身和舒适，因此最好选择与其材质和格调相配的腰带。

33

芭蕉布

（产地：冲绳县国头郡）

芭蕉纤维纺织，轻快又清爽

从古时起，无论上层贵族还是底层百姓，都十分喜爱芭蕉布。芭蕉布布料轻薄，即便是站在耀眼的阳光下，也能感受到微风拂过身体一般的凉爽。

芭蕉从里到外的四种线纤维

芭蕉树分为实芭蕉、花芭蕉、线芭蕉三种类型。纺织芭蕉布用的是线芭蕉。野生线芭蕉纤维较硬，因此现在一般都使用人工栽培的线芭蕉。

砍下芭蕉树后，从根部将树皮剥下来，以采集制作芭蕉布的纤维。树皮从外至里共有四层，都是不同类型的纤维。最外面的一层纤维是"uwaahaa"，适合纺织坐垫面料；第二层是"nahauu"，用来纺织腰带面料；第三层是"nahaguu"，这一层纤维质量最好，用来纺织和服面料；第四层是"kiyagi"，质地柔软、外形美观，但是纤维容易变色，所以一般用来染色。

精雕细琢成就芭蕉丝

从线芭蕉的树皮到纤维，要经历多重工序。制成纤维后，用手指一点一点撕开，才是纺织使用的丝线。然后再根据用途的不同，对丝线进行染色（絣丝）与纺织。

芭蕉布的纤维不耐干，如果不在

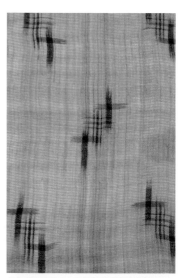

芭蕉布的图案是由本色线纺织的经纬絣纹，最上等的"nahaguu"纤维最适合用来缝制和服。芭蕉布虽然容易起褶，不过稍微喷些水雾再挂起来便能恢复如初。

潮湿的环境中纺织，纤维就很容易折断，这对纺织手法及熟练度有很高的要求。因此五六月份的梅雨时节是最佳纺织时期。

一棵线芭蕉从种植到成熟需要三年的时间，而制作一件反物，需要三百棵线芭蕉。

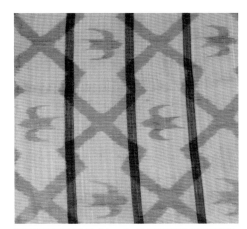

图示芭蕉布使用的是"kiyagi"，这是线芭蕉的第四层纤维，质地纤细柔软。因容易变色，一般不用来制作本色线，而是经过染色后用作底色。图示芭蕉布的绿色坯布，看起来清爽洁净。

上层芭蕉布的图案是立涌纹搭配井字纹，下层芭蕉布的图案是粗的竖条纹。两件芭蕉布的坯布都是由本色线纺织而成。不论阶层高低贵贱，人们都喜爱用条纹图案，不过身份低的人不允许使用立涌纹与井字纹搭配的图样。

穿着建议

芭蕉布原本是冲绳人用来制作琉球服饰的布料，因此可以搭配一条细腰带，这样穿着更加透气。因为芭蕉布面料不够柔软，在穿着时应注意不要起皱。

特细麻丝搓捻丝线

麻织物中质量最好的布料会被选作上贡布料，"上布"这一称呼便是来自于此。

细如牛毛的麻丝是它的特点。将苎麻的纤维用指尖撕成极细的麻丝，然后再搓捻成丝线。缝制和服的反物宽度一般是 38 厘米，而这 38 厘米宽的布料需要的纬线数竟然超过了 1200 根，远远多于其他布料。

手工纺织麻线时，需要先进行山靛染色和泥染，然后将刚纺织完成的布放入生松叶煮出的汁液中煮沸。

之后，再加入薯类淀粉，在半干时和干燥后各进行长达六小时的捣布。这样才能形成宫古上布独有的风格和质感。

宫古上布的反物，鲜亮的光泽十分显眼。制成和服后，上等的细丝麻线使得面料拥有丝绸般的柔顺和弹性。

穿着建议

宫古上布是和服中的"奢侈品"，一般人很难买到，但是穿起来的确轻快又凉爽。因为加入了薯类淀粉，因此宫古上布的反物有蜜蜡一般的色泽。在制作和服之前，必须先将反物过一下热水来固定颜色。

宫
古
上
布

（产地：冲绳县平良市）

面
料
拥
有
蜜
蜡
一
般
的
光
泽

宫古上布又叫萨摩上布，是一种极其透薄的麻织物，一般是藏青色的绊织布料搭配条纹图案。据说宫古上布是冲绳纺织品的『始祖』，起源于十五世纪。

复兴的传统技艺

过去人们称宫古上布为绀上布，八重山上布为白上布。八重山上布拥有这种无瑕纯白色的秘诀在于海晒。海水中的珊瑚礁可以去除布料中的杂质，起到增白底色、固定染色的作用。

制作八重山上布的原料以苎麻为主，染料选用的是石垣岛自生的福氏藤黄和红树。

八重山上布虽然有悠久的历史，但是在时代的长河中也一度失传。然而在相关人士的不懈努力下，终于使得八重山上布的制作技艺恢复了以往的辉煌。

八重山上布

（产地：冲绳县石垣市）

白色

素色白布经过珊瑚礁海水的洗礼，越发呈现本色

在有珊瑚礁的海水中进行海晒后便得到了天然纯白色的八重山上布。在布料上纺织茶棕或深蓝的绢纹，能使人在炎热的夏季感受到无形的凉爽。

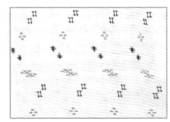

八重山上布同其他麻织物一样容易起皱，不过其魅力在于清凉的触感。如果介意衣服上的褶皱，可以挂在衣架上，喷上些许水雾。

穿着建议

并非所有八重山上布的底色都是白色。如果是白色八重山上布，在折叠存放时，最好在布和布之间放一张纸，因为深色的花纹在久放后可能会转移到素白底色上。

近江上布

（产地：滋贺县爱知郡）

多用途的时髦上布

近江上布的历史可追溯到镰仓时代，经过了多年的研究和无数次错误的试验后，最终得到了现在的近江上布。最近的近江上布反物，图案多为时髦清凉的纹样。

用途广泛，也可做室内装饰品

琵琶湖和爱知川清澈的水培育出了如今的近江上布。滋贺县地区空气湿度高，十分适合生产麻织物。该地区古代就盛产麻科植物，但是直到镰仓时代，纺织技术才传入近江。江户时代，在彦根藩的保护下，近江上布技术得到了大力发展。

有的近江平纹麻布被做成了坐垫、僧服或者茶巾，有的则经过染色后纺织成绊纹。

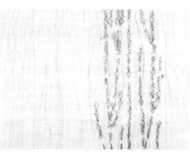

近江上布的反物。细绊勾勒出不规则的条纹，看上去简洁大方。不同的缝纫方法可以将条纹图案变换出不同的风格，十分有趣。

经过长年的研究和技术开发，近江上布现在有了梳押印花[1]和纸型印花两种染色方法。因此，近江上布不仅可以用来制作和服，也可以作为窗帘、挂毯等室内装饰品的原料。

用于制作坐垫、布帘的平纹麻布。平纹麻布的纤维粗细不一，使得花纹呈现错落有致的线条，别具一格。

穿着建议

越是质量上等的布料材质越通透，所以需要注意内衣的选择。搭配和服衬衣、衬裙和长襦袢，看起来更为简洁清爽。在炎热的夏季，穿着能够带给人们凉爽感的和服也是一种必要的礼仪。

注：1. 梳押印花：用梳子给丝线印花的方法。

四种染色技巧表现绯纹

能登上布是日本的传统纺织品，和宫古上布齐名，同为高级的夏季织物。关于能登上布和宫古上布有着"南宫古，北能登"的美赞。能登上布是古代传统麻织物，又叫能登绉绸、安倍屋绉绸。

过去制作能登上布使用的手纺麻线，从昭和时期开始改为机纺的苎麻经纬线。

能登上布的特点是制作绯丝需要用到四种染色方式，分别是板染、圆网印花、纸型印花、梳押印花。图中所示绯纹采用了前三种染色方法。因为布料结实耐穿，男士的能登白绯被称为"终生品"，这种白底碎纹布也可缝制女式和服，清凉透气，样式也更显潇洒英气。

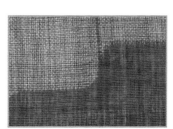

现在市面上也出现了和能登上布类似的丝绸，虽然同样有着精细的做工，然而能登上布质地更为轻快凉爽，穿着起来依然存在差异。

穿着建议

这种日本传统织物本身带有自己独特的韵味，在穿着和服时一定要注意搭配的格调。可以选择白底水墨图案的麻布腰带，也可选择纱质博多献上的袋名古屋腰带，使整体看上去更加清新雅致。

能登上布

（产地：石川县羽咋市）

凉爽的夏季纺织品，耐穿的高级织物

拥有悠久历史的能登上布属于麻织物，面料十分结实，是适合夏季穿着的高级织物，能登上布因此为人们所熟知。

大雪纷飞的越后，麻科植物茂盛生长

麻科植物在日本的种植历史非常悠久，天平三年（731），在越后地区纺织的麻布现在仍保留在奈良的正仓院，称为"越布"。

麻丝十分不耐干，而越后地区多大雪，十分适合制取麻纤维。越后地区中，小千谷、六日町、盐泽地区等也培育了具有当地特色的布料。

选取麻科植物中最上等的苎麻，去皮后用手指将苎麻撕成丝线。经过搓捻和染色后，再用座式织机纺织，最终便得到了越后上布所用的麻丝。

越后上布

（产地：新潟县越后地区）

上等麻丝造就上等面料

在古代，越后上布是献给朝廷的贡品。雪国孕育的传统纺织技法，使越后上布成了重要的非物质文化遗产。

二战前的越后上布，和现代的越后上布相比更加坚韧结实。令人不可思议的是，虽然上布易皱，但越后上布即使被揉搓也不会出现褶皱。

穿着建议

因为麻线不喜干燥，因此在存放时最好注意这一点。出汗时，需脱下和服后立即在里侧垫入干毛巾，然后用拧干水分的毛巾轻拍和服表面。

明石绉绸

（产地：新潟县十日町市）

『幻之布』

薄而透明，十日町生产的

『越后名产千千万，明石绉绸独一件。隐约若现美人肌，美人不思他罗绮。』这是十日町小调中用来形容越后上布的句子。

拓宽十日町布料种类的纺织品

大正时期和昭和初期以前，明石绉绸一直是夏季和服的人气纺织品。越后的十日町是明石绉绸的主要产地。

明石绉绸是由一位名叫明石次郎的人发明的，其纺织技术后来传入西阵地区。到了明治二十年（1887）左右，十日町地区也开始纺织明石绉绸，并一直持续到二战开始之前。

据说十日町原本盛产上布等麻织物，后来因明石绉绸的出现，人们才开始把目光转向丝绸纺织品。

不过，明石绉绸虽是丝织物，却有十足的弹性。

这种宽幅条纹名为大正条纹，是大正时代的代表性条纹之一。近来流行的复古风潮，使得这类图案格外有人气。

穿着建议

薄如蝉翼的和服，胜雪肌肤若隐若现。应选择白色长襦祥。使用洁净的夏季衣物，选择合适的配件，会使服装带给人凉爽之感。

同样是宽幅条纹，与左侧图片相比，此图案更加雅致简洁。怎样穿出这件和服的韵味是一个小难题。

41

小千谷绉绸

（产地：新潟县小千谷市）

搓捻麻丝特制褶皱

小千谷绉绸属于上布，但制作手艺与上布略有不同。虽然麻织物容易起褶皱，但小千谷绉绸却正好利用这一缺点，先用麻丝搓捻出褶皱，再纺织成布料，反而很难起褶。

麻布特点的反利用

麻布清爽透气，适宜在夏季穿着。虽然防水性好并且结实耐穿，但是容易起褶皱。小千谷绉绸也是上布的一种，但它的纺织过程却巧用麻布的这一缺点，先搓捻出有褶皱的丝线再纺织成面料。

产生这一想法并发明了小千谷绉绸纺织技术的是一位名叫堀次郎将俊的浪士，据说宽文年间（1661—1672）他一直居住在小千谷市。

上等的贡品织物

将苎麻纤维撕成麻丝后进行强力搓捻，将搓捻的麻线用作纬线，然后用糨糊固定后纺织。将纺织好的布料放入水中洗去糨糊后，搓捻的丝线遇水涨开想要

大正末期的小千谷绉绸。因为是透明的薄织物，应穿着搭有半襟的白色麻织长襦袢。此和服不是浴衣，因此需要搭配半襟。

恢复原状，便形成了褶皱。这种褶皱是小千谷绉绸的特征，其干爽的触感让人们在夏天摸上去感觉十分舒服。

白底絣织小千谷绉绸在夏天的阳光下闪闪发光，美丽耀眼，这种明亮的洁白是通过冬日的"雪晒"得到的。如果布料经过长时间的使用而发黄，可以放在雪中进行晾晒，这样能够起到漂白的作用。

昭和初期的小千谷绉绸。图示服装是十几岁的女孩子穿着的和服，袖子是元禄袖，袖兜有大段圆弧。夏季和服图案多为秋草，能够带给人凉爽之感。

穿着建议

虽然小千谷绉绸本身就带有褶皱，但是如果长时间正坐，膝盖处还是会皱缩。不要用熨斗熨平褶皱，最好挂起来喷上水雾，然后晾干。

阿波縮纺织品

（产地：德岛县德岛市）

德岛蓝草染色的清爽棉布

阿波縮纺织品的用途与浴衣相同，但材质是易吸汗的棉布，皱缩布料更加透风，与浴衣相比更有凉爽感。

纬线的张力创造了阿波縮的皱缩花纹

阿波縮纺织品是由德岛特产的蓝草染色的棉线纺织而成的。纬线富有张力，将布料放入热水，然后晾干，收缩的纬线就形成了阿波縮独特的皱缩花纹。

蜂须贺藩主颁布的丝绸禁令使得阿波地区的棉布纺织品迅速发展。很多人可能认为阿波縮是精心研制出的品种，然而阿波縮的出现完全是偶然事件。据说，一位名叫海部华的人在屋外晒布时，突然下起了雷阵雨。被打湿的布在阳光下晒干后，表面上出现了十分有趣的皱缩花纹。她因此受到启发，经过不断研究后，终于制作出了阿波縮纺织品。

正蓝染的藏青色阿波縮织物，样式朴素却别具韵味。用这种布料缝制的浴衣给人以稳重之感，定是上品之作。

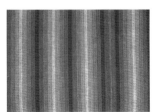

根据丝线在靛缸中浸泡次数的不同，颜色的深浅也不一样。反复浸泡则蓝色较深，浸泡次数少则颜色较浅。

穿着建议

正蓝染的条纹图案是阿波縮的最佳搭配，缝制的和服与浴衣有相同的触感。现代很多人将阿波縮和服作为外出和服穿着，同时搭配半襦祥和半襟。即便在盛夏时节穿着也不会贴身，带给人干爽之感。

第二章

和服等级和搭配

和服等级和搭配

有一些和服的名称是按照布料或染色方法所起的，例如，友禅、小纹等；有一些是按照穿着场合的级别所起的，例如，留袖、访问和服等。在正式场合穿着的和服，必须考虑到相应的礼仪和习惯。同时，腰带和配饰等也要注意配合和服的颜色，并且在格调上形成一个协调的整体。

振袖

振袖分为本振袖和中振袖。

本振袖袖长约三尺（114厘米）。新娘嫁衣的白无垢、色直、打挂都属于振袖。也有个子较高的人在成人式时选择穿着本振袖。

中振袖常在成人式、聚会和正月等隆重场合和节日穿着。

振袖袖子偏长，是未婚女孩穿着的和服。女性成家后会把袖子别起来，做成留袖。在过去，女孩在二十岁之前穿着振袖，不过现在有些过了三十岁的女性也穿振袖。一般情况下，女性到了一定年龄，即便是未婚也会改穿色留袖。

黑色底色搭配粉色图案的中振袖。图案颜色和花纹样式都充满了现代感。这种类型的和服适合在盛大的聚会等需要穿出个性的场合穿着。

搭配

时髦的振袖最好不要搭配古典图样的腰带。袋带和带扬的颜色、图案和级别要与和服相协调，尽可能选择和服中已出现的颜色。图示带缔选择了红色与墨绿的水引，红色水引应系在穿衣人的左侧。

留袖

　　留袖是已婚妇女最重要的礼服，在结婚典礼等重要仪式中穿着。留袖分为黑留袖和色留袖，黑留袖的级别相对更高。

　　在神前式结婚仪式中，新人亲属一般穿着黑留袖，尤其是新人的母亲和介绍人。

　　黑留袖在黑色绉绸上绣有五纹家纹，和服的裙是江户斜身花纹。在过去，黑留袖下面要穿白色内衣，不过现在人们使用暗门襟缝制法，也就是把衣领、袖口、振袖和裙做成双层的，再用不同的面料缝制和服腰部。

二战前华丽的留袖。过去，即便是和服里子也会染上与表面相同的花纹。丸带也是二战前的作品。

搭 配

和服腰带可选择丸带或袋带（现在袋带是主流），花纹最好选择格调高的图案或者吉祥纹饰。带扬选白纹绫或白色扎染布，带缔是白色圆绦带，也可以使用金银组纽或白组纽。长襦祥可选择白绫、绉绸或羽二重等。

色留袖

色留袖与黑留袖的级别虽然相同，但一般还是认为色留袖次于黑留袖。明治初期，日本制定了"衣服大令"，规定"已婚者的第一礼服是黑绉绸、五纹家纹和裾纹样，但彩色衣料也可"。自此以后，色留袖便是黑留袖以外的第二种选择。

出席宴会、结婚典礼等可穿着色留袖。大龄未婚女性，或是出席葬礼的遗孀都可以穿着色留袖。

印有纱绫形花纹的象牙色绫，和服上的花草和御所车家纹都是日本古典图案。近来出现了许多只有衽比翼或重衽的单家纹和服。上图是三纹家纹的衽比翼和服，属于高规格色留袖。金色面料搭配凤凰图案的袋带、白色的扎染带扬、白色与银色的唐组结带缔。

搭 配

最近经常有人穿三个家纹的色留袖，或是只缝制了衽比翼的单家纹色留袖。腰带和配饰的搭配与黑留袖相同。

印染了花草、应季的自然风景等图案的蓝色罗纱五纹家纹色留袖，是一件二战前的和服。我是在夏天举办的婚礼，那时还不流行租用结婚礼服，我购买了一件与这件和服类似的色留袖作为典礼的服装，同时搭配罗纱丸带和带有白色刺绣的白罗纱带扬，带缔选择了高级别的冠纽。

访问和服

根据颜色和花纹的不同，分别有已婚女性穿着和未婚女性穿着的访问和服。

作为半正式礼服，访问和服的级别比留袖和振袖低一级。访问和服原本没有家纹，近来才开始有人在访问和服上缝制家纹以提高服装等级。

访问和服的特点是前胸处、肩部、袖子、裙的纹样是连续的，这叫作绘羽纹样。这种纹样展开后如同一片完整的屏风，通过连接针脚将图案连成一个整体（留袖只有裙的部分有绘羽纹样）。

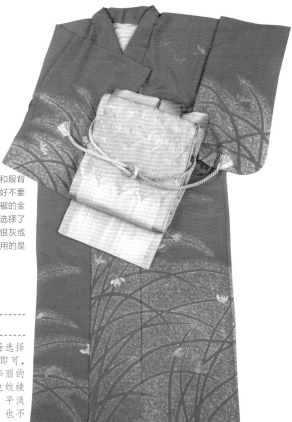

用糊染染色的访问和服。和服背部印有家纹，因此袋带最好不要选择休闲的样式。为了与裙的金银色花朵图案相配，带缔选择了金银色的水引。带扬可选银灰或象牙白色的，但该带扬使用的是渐变朱红色。

搭 配

腰带选择袋带。带缔和带扬选择与和服风格相协调的颜色即可，不局限于白色，也可搭配华丽的颜色。长襦袢最好选择浅色纹绫或部分扎染（正式场合中，平淡的颜色和花纹比较有气质，也不容易出差错）。

付下和服

付下和服虽然比访问和服低一个等级，但是穿着场合基本相同。

振袖、留袖和访问和服都是在素色布料上假缝出和服的形状（假绘羽缝制）后，再绘制纹样的草图。如此一来，虽然绘制了绘羽纹样，但是可以在反物上确定纹样的位置以后再上色。

因此，过去的付下和服多是没有针脚连接的简单的纹样。然而随着缝制技术的进步，现在也能够制作出复杂纹样的付下和服了。

并且，有时只看成品是分不清访问和服与付下和服的。

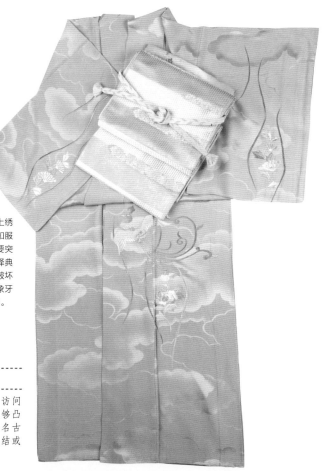

纹绫付下和服。高雅的底色上绣着素净的刺绣，提升了整件和服的气质。付下和服适合不需要突出个性的场合。腰带也要选择典雅的图案，太鲜艳的腰带会破坏整体的氛围。右图为透粉的象牙底色搭配金银色唐组结的带缔。

搭 配

腰带选择袋带，搭配与访问和服同规格的配饰，能够凸显格调。如果腰带选择名古屋带，则最好搭配金银结或是六通花纹。

付下小纹

　　小纹的缝制一般是在一反的反物上放置印花纸版，将肩高点和袖山头的部位染成相同的花纹。因为不在肩部绣针脚连接前衣和后衣，所以肩高点两侧的纹样方向是相反的，袖子同理。

　　而付下小纹肩部的前后纹样都是朝上的，避开了纹样颠倒的问题。

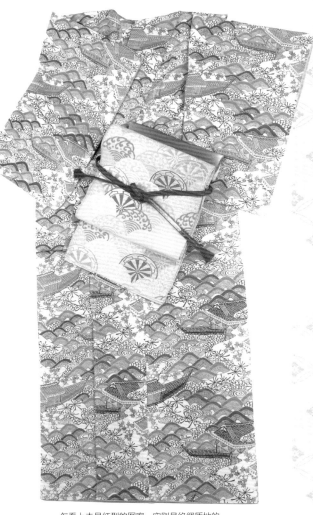

乍看上去是红型的图案，实则是绉绸质地的型友禅付下小纹。为了配合和服的样式，还搭配了有片轮车图案的方平织物腰带。虽然样式简单，却充满趣味。带缔和带扬的颜色是与裾纹样相同的红色，因此形成了协调的整体。该和服适合在观看演出或出席正式的聚餐场合时穿着。

搭　配

与小纹的风格基本相同，但付下小纹级别稍高，也更时尚。腰带可选择袋带或高等级的元素、图案的名古屋带。

丧服

　　丧服的面料是黑色纺绸或绉绸，上面绣着五个家纹。八挂与和服使用面料相同的四丈反物（普通和服一反为三丈多），此做法叫作同料贴边。

灰色、紫色等暗色的色无地和服，搭配丧服使用的腰带或配饰就是半丧服，属于简便礼服。

过去的丧服里面带有白色里衬，这种叠穿的习惯在二战后逐渐消失。现在人们一般在白色长襦袢外面直接穿丧服。

搭 配

　　腰带一般选择黑缎名古屋带。配饰全部为黑色。腰带背衬最好不要选择扎染布料。搭配白无地半衿、带有黑色丸绉和组纽的黑无地带缔。并且，不同的宗派使用的念珠也不同，但是无论出席何种宗派的葬礼，一般都是黑色着装，这样不容易出差错。手提包、草履也一律选择黑色的。

色无地

一件色无地和服有多种穿法，十分方便。带有一个家纹的色无地，搭配袋带腰带可作为参加结婚典礼的简便礼服。

如果搭配丧服用的腰带，则可作为参加葬礼的便装。不过需要注意的是，即便是搭配丧服使用的腰带，色无地也要避免华丽的颜色。

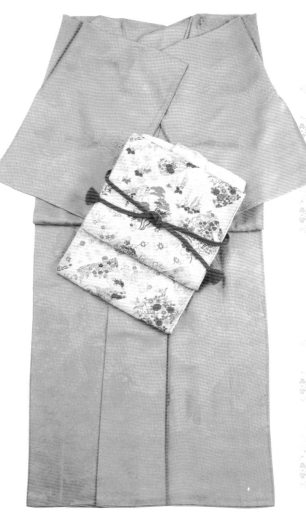

搭配

庆祝吉事时可选择留袖、访问和服使用的配饰，悼唁时可选择丧服使用的配饰。在制作色无地时最好选择不易出差错的二次色。

带有一个家纹的粉色无地。虽然适用于多种场合穿着，但是如果作为半丧服则过于鲜艳。出席婚宴时可以选择此和服，最好搭配奢华的袋带。

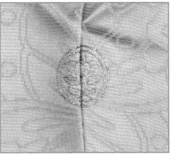

四季与和服

无论是和服还是洋服，时尚都先于季节。

举例来说，每年过了 5 月 20 日，天气变热，人们就想脱去袷改穿单衣。这时候就可以选择稍微厚一点的茧绸单衣。

6 月末，如果想早点换成薄物，与纱相比，罗则更加合适。因为纱采用的是连续拧织的方式，过于透薄。而罗采用的是平织和拧织的混合织法，不如纱通透。

在过去，到了 9 月人们就立马将薄物换成单衣。然而现在，末夏时节天气依旧炎热，因此人们还是更倾向于穿薄物。不过在 9 月 10 日左右最好还是换成单衣。

并且，即便是 9 月末，温度有时也比较高，如果穿袷可能会感觉比较闷热。索性直接把穿袷的日子定在 10 月 1 日。

季节性和服分为袷、单衣、薄物。穿着时间大致划分为：10 月 1 日到次年 5 月末穿袷，6 月和 9 月穿单衣，7 月和 8 月穿薄物。

袷

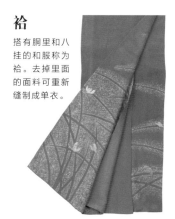

搭有胴里和八挂的和服称为袷。去掉里面的面料可重新缝制成单衣。

单衣

不透明的和服，没有里子。加上里子就是袷。

薄物

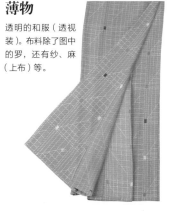

透明的和服（透视装）。布料除了图中的罗，还有纱、麻（上布）等。

缝制和服的各类面料

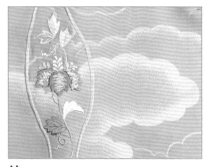

绫

纹绫搭配刺绣纹样的和服。纹绫是指织有底纹纹样的绫。

绢红梅

曾在二战前流行，经历了衰落期后，近来又成了人气面料。其特点是四角折线纹样，折线部分使用的是棉线。

茧绸

匹染茧绸。一提到茧绸，人们很容易联想到色染布的絣纹图案，但制作此和服是先用茧绸丝线纺织出素色坯布（白绸），之后再进行匹染纺织。

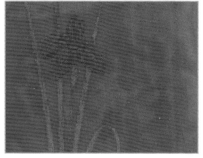

纱

拧织的纱看上去薄而透明。和服上面织有木纹图样，带给人清凉之感。

绉绸

染有秋草的一越绉绸。绉绸常用来缝制友禅、小纹以及匹染和服。

麻

小千谷绉绸和上布都是麻布，但图示和服属于平织麻。由于丝线较粗，极易出现褶皱。

腰带小常识

腰带的级别最好高于和服

"印染和服搭配绢织腰带"中的"绢织腰带"指的是织锦而非茧绸。谚语"草席披身上，织锦束腰间"正说明了腰带的级别最好高于和服。

搭配正装时，可以选择唐织锦、丝锦、缀锦、佐贺锦等织锦丸带或袋带，从而平衡整体的格调。虽然茧绸与博多织物也属于绢织物，但是风格相对朴素，这种材质的腰带级别较低，不用于搭配正装。

下面介绍一下几种主要腰带的级别与特点。

丸带

丸带一般只用作新娘嫁衣的振袖所搭配的腰带。过去搭配礼服的腰带基本上都是丸带，但昭和时期出现袋带后，丸带逐渐被取代。

右边的腰带是唐织锦丸带，级别比左边的腰带高。左边的丸带花纹略显随意，不用来搭配礼服。过去的礼服常搭配淡雅的唐织锦或缭珍花缎腰带。左右皆为二战前的丸带。

袋带

搭配正装和礼服，如振袖、留袖、访问和服、付下和服，应用范围很广。织法与花纹有多种类型。如果搭配正装或礼服，应选择带有吉祥寓意的图案或绣有刺绣的高等级腰带。

右侧腰带的图案是京都的葵祭，左侧腰带是古代绣片风格的时尚袋带。

印染和服的级别高于绢织和服，腰带却正好相反，绢织布料的腰带等级更高。过去人们常说"印染和服搭配绢织腰带，绢织和服搭配印染腰带"，意义在于"协调和服与腰带的级别"。

名古屋带

上至外出和服，下至休闲和服，都可以搭配名古屋带。绢织面料与印染面料的名古屋带并存，但等级较高的和服一般搭配西阵织名古屋带，茧绸面料的绢织腰带和印染腰带适合搭配休闲和服。

填入背芯后制成腰带。名古屋带比袋带短，无法系成二重太鼓结，只能系成一重太鼓结。还有专门供夏季使用的名古屋带。

袋名古屋带

长度和形状与名古屋带基本相同，但袋名古屋带不填充背芯，直接缝合。因此袋名古屋带更加轻便，也更容易打结。

袋名古屋带面料多是较厚的缎子或博多织物等。将两端对折后缝合，打结前需折起腰身部分的袋名古屋带。这是常见的折法。

半幅带

带宽只有其他腰带的一半，因此称为半幅带（约15厘米）。近来，半幅带长度也有所增加，出现了宽度为18厘米的半幅带。

一般将半幅带、细带、小幅带等细腰带统称为"半幅"。

夏季腰带

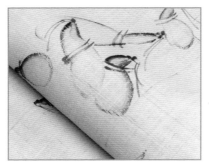

麻

有背芯的白色麻布名古屋带，配有手绘葫芦图案。适合搭配休闲和服。

纱

纱袋带。质地较为坚硬，因此可以不填充背芯。适合搭配正式的夏季访问和服等正式服装。

罗

大正时代的印染罗织腰带。有背芯，因此适合搭配6月或9月的单衣。

纱献上

金刚杵图案的博多献上纱织袋名古屋带。适合在盛夏与纱质和服搭配穿着。

享受腰带的时尚

柔软的印染和服搭配坚韧的织锦腰带，呈现出一种强弱调和之美。绉绸或盐濑的印染腰带则适合搭配小纹或茧绸面料的休闲和服。坚实的茧绸和服，可搭配华美的印染腰带。

长绢

从能的长绢装束发展而来的夏季名古屋带。适合搭配罗织和服。

冬季腰带

西阵

京都西阵纺织的袋带。不同花色的西阵可搭配振袖、留袖等礼服和正装。

绉绸

绉绸腹合带。腰带正反两面是不同的布料，可双面使用。江户到大正期间被人们广泛使用。

博多献上

因是黑田藩献给幕府的布料而得名。面料上的黑色纹样是以一种名为金刚杵的佛具为灵感而设计的。

茧绸

用彩线纺织的茧绸名古屋带。因质地单薄，所以缝制腰带时加入了背芯。

suwatou[1]

手帕上常绣有 suwatou 刺绣。图示腰带来自中国苏州，是货真价实的 suwatou 袋带。

盐濑

红型印染的盐濑羽二重名古屋带。适合搭配无地或绊织和服。

注：1. suwatou："汕头"的日语发音。

配饰的选择

和服的配饰体现了穿衣人的个人特点，穿衣人可发挥自己的灵感自由搭配。不过和服的各种元素与四季息息相关，在一些材料与图案的使用上也有相应的规矩。即便是按照自己的喜好搭配，也要知道这些固定的原则。

带扬

一般只能在腰带中间"窥探"出一点带扬的身影，但从这一晃而过的颜色中就能够看出穿着人的品位。

因为带扬只能显露一点颜色，因此可以使用稍微艳丽一些的色彩。倒不如说，这是习惯穿着朴素和服的年长者展露自己明艳一面的关键之处。

制作带扬的面料有绉绸、绫、扎染布等。如果选择单色绉绸，那么面料的褶皱可以带来别样的韵味。与此同时，也可让人欣赏其独特的色彩。夏季面料可选择罗或纱。

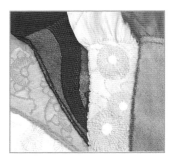

正装用带扬

整体扎染的绫质带扬，适合搭配年轻人的礼服和正装。为了与振袖或袋带形成协调的整体，需要慎重选择带扬的颜色。最近，许多人会选择白色整体扎染带扬搭配留袖。

半正式装用带扬

晕染或部分扎染的绫质带扬使用范围广，既可搭配半正式装，也可搭配外出和服。

时尚型带扬

时尚型带扬小纹图案、更纱、分层晕染、红型、条纹、振分等样式时尚的花纹，与无地或图案朴素的茧绸搭配效果更佳。如果和服与带扬图案相同，会抵消各自的优点。

带扬的起源

在江户时期，缝制腰带时不使用带枕，而是将宽幅绉绸或其他面料贴在带山上，穿着人背起腰带后再对腰带塑形。现在还有一些上了年纪的人将带扬称为"背扬"，可能正是这个原因。

过去人们用布卷起来的手巾或丝瓜代替带枕。

后来，带枕开始普遍在市场上售卖。因带枕能为腰带定型，带扬便成了单纯的装饰品。

带缔

带缔是决定系结形状的一个重要配饰。带缔过松会导致腰带不成形，因此面料首选有弹性的丝绸，以保证腰带不会轻易松垮。

带缔兼具装饰作用，因此不仅要考虑面料，还要精心挑选颜色。穿着和服的最后一步是系带缔，它能够衬托出和服或腰带的特色，所以需要选择能够协调和服整体的带缔。

对自身品位充满自信的人可以大胆搭配。否则，最好选择和服或腰带图案中使用量最少的浓重色彩，这样能使整体搭配更加平衡。

经常穿和服的人，会特意选择与腰带同色系的带缔，这种搭配也十分具有时尚感。在搭配带缔时，可以进行多种尝试，最终选择适合自己的类型。

带缔又分为丸绗、组纽、打组。

组纽又分为丸组、平组、角组等，种类十分丰富。丸绗过去一直用于搭配留袖、丧服或新娘装，不过近来越来越多的人也开始用组纽搭配留袖或丧服。

用于未婚女性礼服和正装的带缔

未婚女性礼服和正装使用的带缔一般是粗线的丸组。如果比较注重整体格调，就尽量避免使用过于精致的丸组或细线丸组。同时，应当选择能够协调和整体搭配的颜色。

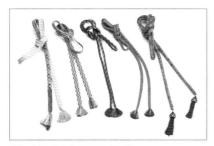

用于休闲和服的带缔

印有图案的带缔、细线丸组、充满时尚感的丸绗等各种类型的带缔都可搭配休闲和服。带缔是凸显休闲和服时尚品位的重要部分，也是束紧腰带的安全带。因此不要选择容易松垮的材质。

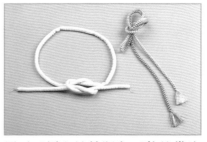

用于已婚女性礼服和正装的带缔

一般使用白色丸绗或格调高的白色组纽搭配留袖。从正中分开的金银两色纸绳叫作水引。系水引时，从穿着人的角度看去是金色在左，银色在右（与礼金袋的方向相同）。

半衿

半衿距离面部最近，起到了连接和服与面部的作用。虽然半衿只能露出些许颜色，却能衬托整个面部。

半衿还能够防止和服衿领沾染污渍，十分实用。据说，半衿是因长度为和服衿丈的一半而得名。

华丽的半衿

最近有许多人热衷于使用华丽的半衿，然而在选择半衿时最好要考虑和服的级别以及是否与肤色相配。

夏装用半衿

古典半衿。罗、纱、竖皱纹织物、罗绉绸、麻布等许多种类的布料都可以制作夏装用半衿。除此之外也有色无地半衿和刺绣半衿，因此人们能够充分享受衣领的不同时尚风格。

冬装用半衿

明治时期到大正时期的古典半衿。在日本女性还梳日式发髻的年代，人们经常穿着露出大幅衿领的无衣纹和服，这种色彩缤纷的刺绣半衿因此十分抢眼。

带留

明治时期，许多制作武士刀柄护手的匠人都已失业，于是他们便开始制作穿在组纽上的手工艺品。这便是带留的前身。

匠人的制造技艺打造了精致的带留装饰品。不久后，玳瑁、七宝烧等制品也被用来制作带留。

带留有丰富的制作材料，例如，玳瑁、漆器、珊瑚、七宝烧、象眼等。最近流行复古潮，因而使用带留的年轻人也在不断增加。也有人使用国外的石头或陶器制作带留。

第三章

印染和服

京友禅

（产地：京都府京都市）

色彩艳丽的代表性手绘友禅

元禄时期，有一位住在京都知恩院前的扇绘师，名叫宫崎友禅斋。据说就是这位画师发明了防染糊和线条糊，这两项也是京友禅的特征。

诞生于京都的华美布料

一提起京友禅，人们多会联想到手绘友禅。

作为友禅染元祖，宫崎友禅斋本是一位扇绘师，曾住在京都知恩院前。京都与手绘友禅都和他有着不解之缘。

事实上，使用了线条糊的京友禅和加贺友禅、豆绘友禅、炙友禅、无线友禅等都属于手绘友禅，种类十分丰富。

线条糊防止晕染

在印染时使用名为丝目糊的防染糊是京友禅的一大特点。

如果直接用绘笔在布上画图，染料很容易晕开。因此，制作京友禅时会使用一种以糯米和糠为原料制成的防染糊。将防染糊放入金属环内，然后按照青花染料（鸭跖草汁液制成）所画纹样的轮廓勾勒线条。

用染料填充其他颜色后把糊取下，上糊部分留下的线条就成为清

松树、牡丹、梅花漂浮在波浪之中。此友禅纹样与其说是写实，更多是呈现了作者的奇思妙想。

晰的纹样轮廓。

如此一来，颜料便不会晕染，因此可以使用多种色彩上色，并且能够绘制出精美细致的纹样。

二战前的本振袖。振袖整体如同屏风画一般，能够激发欣赏者的文学想象。雾霭图案之上是屏风与花丸纹，不禁让人幻想——那屏风的帐幔后面，正端坐着一位美丽的贵族小姐。

上图和服中的部分图案，是染着花瓣纹样的手绘疋田布。菊花与橘花的花尖绣有刺绣，凸显了花朵的立体感。手绘疋田是一种染色技法，通过手绘的形式让布料看起来像疋田扎染布。

熟练工之间的分步制作

据说宫崎友禅斋是印染技术的发明者，于是该技术便得名"友禅染"。使用了线条糊的友禅又叫射止友禅或本友禅。

纹样以自然图案为主，结构具有设计感，这也是京友禅的特点。或许是由于匠人们的分工合作，才形成了这种结构上的特征。

制作手绘友禅需要多道工序，京都至今仍然采用多位技师分步制作一件友禅布匹的形式。

留袖的裾纹样，是匠人精心绘制的图案。单独取出图示部分进行装裱，也可作为一件美术品。由此可见，印染纹样是一项需要十足的细心和付出的工作。

手绘友禅制作工序

这里仅列举几道重要的工序。手绘友禅的制作过程分为许多道细致的工序，

1 设计图案。

▼

2 将坯布进行蒸汽整幅后缝制假绘羽（假缝出和服的形状）。

▼

3 在假缝绘羽上用青花染料绘制草图。

4 拆开假绘羽后，进行撑边浆洗，之后再沿草图画上防染糊。

▼

5 涂抹豆汁以防染料晕染，并且能够更好地定型。

▼

6 用染料涂色。

7 缝纫后蒸制。

▼

8 染底色时，在已上色的纹样上涂抹防染糊进行防染。

▼

9 用毛刷染底色。

66

纹样为桐叶与桐花。背部布料底色是白色，
因此此和服更适合搭配图案鲜明的腰带。

10 用水洗去防染糊和多余的
染料。现在工厂内已配有相应
的设备，但过去人们是在河水
中冲洗布料，因此该步骤称
为"友禅冲洗"。

▼

11 再次蒸制，进行蒸汽整幅。

▼

12 绣上金箔或刺绣后完成。

穿着建议

传统技法染织的京友禅多用来
制作振袖、留袖、访问和服等
礼服和正装。腰带和配饰的选
择也应注意风格的协调。

写实地描绘季节性景物

与京友禅不同的是，加贺友禅的图案主题多是自然界的花草，写实地描绘了季节的变迁。多种色彩描绘树叶和花朵的虫眼、植物枯萎的过程等景象，使整件布料洋溢着一种朴素的雅趣。

以九谷烧闻名的加贺，古时就大力发展绢织物和染色技术。将布料放入用梅树皮煎煮的汁液中浸泡染色的"梅染"、用花朵纹样装饰定纹（代表家族的家纹）的"色绘纹"技法等，都称作"加贺御国染"。

在这种环境中，加贺的染色技术在江户中期取得了划时代的进步，创造了独具特色的友禅。

关于加贺友禅的发展还有另一种说法。据说，宫

这件染有九谷烧瓷壶的鬼皱绉绸，是国宝级大师木村雨山的作品。此名古屋带价格不菲，不过织锦的袋带级别相对更高。

木村雨山制作的袱纱[1]。此袱纱的用法是盖三方供案或托盘上面的物品，尺寸比茶袱纱大。图为合盘缝合的袱纱。

加贺友禅

（产地：石川县金泽市）

品位高雅，自然风景的图案是其魅力所在

金泽藩曾大力发展染色技术，因此在江户时期就能够制作出面料细腻、风格高雅的手绘友禅。加贺友禅的特点是写实的自然风景图案和适度华丽的色彩。

崎友禅斋晚年从京都移居到加贺后，为加贺友禅的发展做出了巨大贡献。

宫崎友禅斋在八十三岁时去世。大正九年（1920），有人在宫崎友禅斋的卯辰山龙国寺中发现了一块友禅碑。据说，友禅斋曾经寄居的一家名为金泽太郎田屋的染坊，为纪念友禅斋去世二十三周年而建造了这块友禅碑。

二战前缝制的加贺友禅，图案是秋天的红叶。整体和服虽然色彩淡雅，但不失情趣和明艳，给人高贵精致之感。

加贺友禅缝制的访问和服。花瓣与叶子的颜色浓淡相宜，白色的花朵又增添了清爽明亮之感，适合春季和初夏时节穿着。

穿着建议

加贺友禅的图案多为自然界的花草以及写实性的绘画。由于是在百万石[2]文化中创造的和服，在穿着时应格外注意整体的格调，不能落于俗套。

注: 1. 袱纱: 单层或双层的方形绸巾，用以盖或包礼品。

2. 百万石: 加贺藩。

染料与糨糊混合染色

　　古代就出现了纸型染色的方法，但是这种方法到了江户时期才兴盛起来。

　　型友禅分为印染武士裤的小纹型（现代江户小纹）、中型（称为长坂染的浴衣面料）、大纹型（印染大纹武士礼服上的徽章）。上述几种友禅都为单色布料。

　　明治时期以后出现名为型友禅的布料。随着社会阶层制度的制约逐渐消失，普通百姓也有了穿着丝绸友禅的权利，于是价格低廉且偏向日常穿着的和服应运而生。

　　并且在这时，日本开始从海外引进化学染料。于是，人们便创造了一种新的染色方法，将染料与糨糊

昭和初期的羽织。羽织的图案大多比和服的图案更大、更华丽，一般使用反布料缝制羽织。因此，女孩到了不适合穿着如此鲜艳的服装的年龄时，可以对羽织进行缝改，给家里的妹妹穿。

昭和初期的作品，底色偏朴素，但花纹都是大面积的图案。该型友禅既可用来制作和服，也可用来制作羽织。只要对腰带稍作改动，未婚少女和已婚妇女都能穿着。

混合在一起，按照纸型的图案印染出秀美的友禅纹样。如此一来，原本只能印染一种颜色的型染便能够进行多色印染了。这种染色方法被人们称作型友禅。

手工技术成就的美丽

相比于需要多重复杂制作工序的手绘友禅，型友禅的制作相对简单。然而要绘制出漂亮的图案，则需要准备与颜色数量相同的纸型。也就是说，一张纸型只染一色，因此这样的工序并不简单。

无论是制作现代江户小纹还是型友禅，都使用了一种名为"型雕"的纸型，但是伊势的白子却更为出名。将多张和纸粘叠成一张，刷上柿漆制成柿漆纸后，用小刀轧刻出不同的纹样。型雕的制作者要有高超的技术，因此这也是日本人引以为豪的一项手工技术。

这种精巧的手工技术，使得人们能够欣赏到日本和服多种多样的美丽。

藏蓝色绉绸型友禅。此型友禅的风格较成熟，搭配织锦腰带更能突出和服的级别。但如果搭配盐濑染名古屋带，又能呈现出不同的风格。

适合年轻女孩穿着的华丽型友禅。图案颜色数量繁多，因此绘师不仅需要准备与颜色相同数量的纸型，还要准备不同颜色浓淡的纸型，做工精细且复杂。

穿着建议

近来出现了奢华艳丽的型友禅和服。为了匹配留袖、访问和服、外出和服等不同级别的和服，印染纹样也要纳入考虑范围。袋带如果选择文库结，会使和服看上去更加明艳。

江户小纹

（产地：东京都）

花纹精致的型染布，独具江户风格

江户时期，为了印染武士裈的裈而创造了小纹图案。虽然花纹式样繁多，但要印染出风雅精致的美感，仍需依靠工匠的熟练技巧。

江户三十年，得名"江户小纹"

将江户时期的武士裈常用的细小纹样，用伊势纸型和传统染色技法进行型染后得到的面料就是江户小纹。

它的特点在于精美细致且独具一格的图案。搭配家纹后和色无地一样，可以作为简略礼服穿着。

江户小纹这一名字并非由来已久。昭和三十年（1955），小纹型染的头号人物小宫康助获得"国宝人物"[1]这一称号时，为了将这种型染与其他小纹区别开，特地起了"江户小纹"这一名字。在此之前，只要是纸型印染的布料都叫"小纹"。

江户小纹是单色印染布料，花纹越小价值越高。乍看上去可能会以为是无地，但是仔细观察便能发现

在整片面料上用锥子扎满细小的雪珠纹（左）和梅钵碎纹（右）。

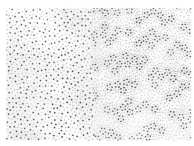

只要在小纹上绣上缝纹，便可以用作简略礼服。但如果要用作半丧服，需避免使用鲜艳的颜色。

注：1. 国宝人物：日本重要非物质文化遗产的传承人。

制作江户小纹技艺的精妙之处。制作江户小纹，需要型雕师具有高超的技艺并借助纸型的送星[1]和零误差涂抹防染糯糊的匠人技术。

印染一件和服需要多种不同的纸型。纸型与纸型之间必须无缝连接，因此每一处纹样都是匠人技术带来的完美成果。

注: 1. 送星: 在纸型上雕刻出小圆点。

段结小纹。是将各式纸型连接在一起型染的小纹。江户小纹的纸型宽度只有 15 厘米，因此，若是连续印染同一种花纹，需要一边移动纸型一边涂抹防染糯糊；若是印染复杂的花纹，则需要准备与花纹数量相等的纸型。

穿着建议

江户小纹虽然整体风格比较保守，但气质典雅，花纹精致。是穿得高雅脱俗，还是穿得俏皮时髦，则考验了穿着人的搭配功底。选择合适的带结和配饰则可以穿出俏皮时髦之感，而绣上缝纹便可以当作简略礼服穿着，与色无地属于同种级别。另外，腰带的级别也应与和服相配，不宜太随意。

琉球红型

（产地：冲绳县那霸市）

一张纸型染多色

过去，琉球王朝与近邻各国之间的商贸往来十分频繁。因此，红型的诞生也受到了日本的友禅、中国的切花布和南亚的印花布等多种面料的影响。

尊贵的王室布料

红型是一种多色的型染布。与之相对的是蓝型，是只用靛蓝染色的型染布。

红型在琉球王朝的保护下得以发展。只有王室成员和武士门第才可以穿着，可谓普通人心驰神往的衣装。尤其是福木印染的黄色红型，只供王室成员穿着。

特别值得介绍的一点是，红型只用一张纸型就能够印染多种颜色。再用糯糊防染后填色，然后不断重复这一过程。

从构图、型雕，再到填色，整个过程全部由一人完成。首先是设计图案。在柿漆和纸上雕刻图案后，在纸型下面铺上垫板，此垫板是由大量（远多于正常数量）大豆制作的豆腐经过干燥后制成的，表面坚硬、内部柔软，人们称其"六十"，是塑造型雕之美的一项不可或缺的工具。

然后，在坯布上涂抹豆汁，防止颜色晕染。

之后，铺上纸型，涂抹糯米、糠和盐混合制成的防染糊后，用刮铲抹平。

抽掉纸型，露出的坯布就是花纹部分。然后给布料上色。主要用颜料给纹样上色，用植物染料印染底色。

在不断重复上色的过程中，具有南国风情的赤、黄、青等颜色便不断呈现在布料上。

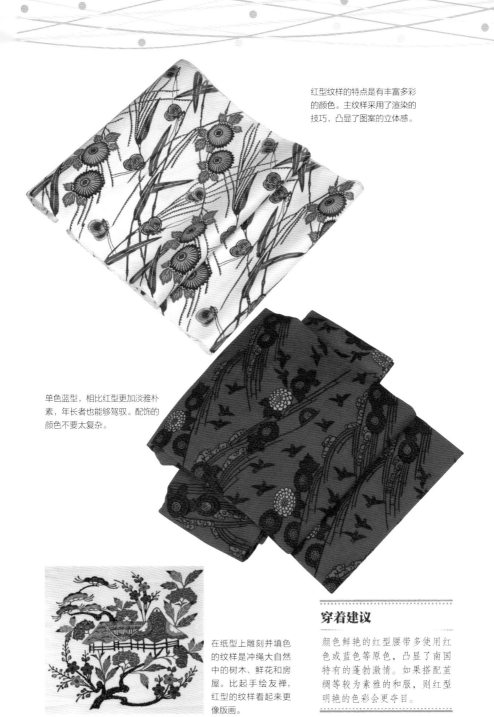

红型纹样的特点是有丰富多彩的颜色。主纹样采用了渲染的技巧，凸显了图案的立体感。

单色蓝型，相比红型更加淡雅朴素，年长者也能够驾驭。配饰的颜色不要太复杂。

在纸型上雕刻并填色的纹样是冲绳大自然中的树木、鲜花和房屋。比起手绘友禅，红型的纹样看起来更像版画。

穿着建议

颜色鲜艳的红型腰带多使用红色或蓝色等原色，凸显了南国特有的蓬勃激情。如果搭配茧绸等较为素雅的和服，则红型明艳的色彩会更夺目。

辻花

室町时代传承至今的高雅和服

水墨画与扎染相结合的辻花，简朴却不失优雅。辻花深受权力阶层的喜爱，后来又被施以色彩丰富的刺绣或金银箔，发展成一种奢华的印染布。

昭和时期复兴的"幻之布"

提起昭和的辻花，人们很容易联想到绚丽奢华的和服。不过，最初室町时期的辻花图案是由水墨和扎染绘制而成的，十分简单朴素。

首先扎染出纹样的轮廓，再用墨笔加深颜色和填充缝隙。图案多是枯萎的花叶，呈现出一种物衰之美。

有权势的人们也注意到了辻花的美，于是在原来的基础上添加丰富的色彩，点缀上金银箔或刺绣，使辻花成为一种奢华的布料。

武将们喜欢在战袍上缝制辻花，但是后来辻花渐渐消失了踪影，技术的传承人也相继去世，因此辻花一度被称为虚构的染色技巧。

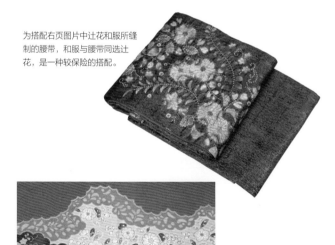

为搭配右页图片中辻花和服所缝制的腰带，和服与腰带同选辻花，是一种较保险的搭配。

辻花的包裹布。质地为绉绸，因此有一定的重量。精心设计的包裹布图案，也是和服之美的一种体现。

不过，后来经过手工艺者反复摸索尝试，辻花的制作在昭和末期复苏。如今，辻花是一种高级别的布料，可用于制作振袖、访问和服等正装。

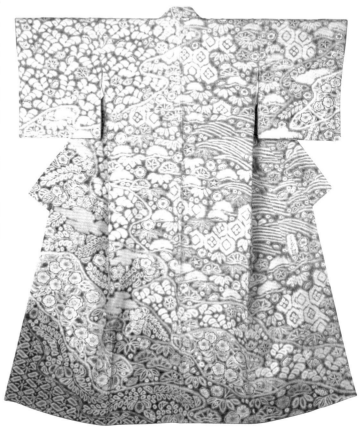

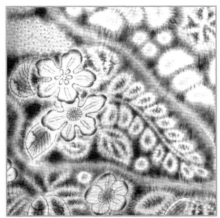

整件印染的辻花白结城和服。从外襟的裾到后裾，颜色逐渐变化，给人高格调的奢华之感。

穿着建议

辻花可用于振袖或访问和服，也可只在留袖或访问和服的裾纹样上印染辻花。但是最关键的是要体现辻花的高品位和高格调。腰带最好选择辻花袋带，也可搭配西阵织袋带。

扎染

费时费事的古代染色技法

用线绳捆扎布匹，用相应的工具固定后防染，然后用染料染色。一个结一个结地进行缠扎是一项非常精细的工作，因此制作整体扎染和服是相当费时的。

大奥也禁止使用的奢侈品

用于印染振袖的鹿纹扎染，因印染的纹样类似于鹿背上的斑纹，因此得名"鹿子扎染"。因制作工序复杂，制作比较费时，所以在江户时期是一种连大奥都禁止使用的奢侈品。鹿子扎染又分为手工打结和工具打结。

本鹿子：用手指揪起并折叠青花汁液印出的圆点图案，用丝线缠绕七圈打成结。缠绕四圈的是中疋田，缠绕两圈的是京极。

京极扎染：通过专门的工具用棉线捆扎布料。按照坯布上的线条，京极扎染的技法称为一目扎染。纹样扎染多使用这种方法，而整件都是一目扎染的布料

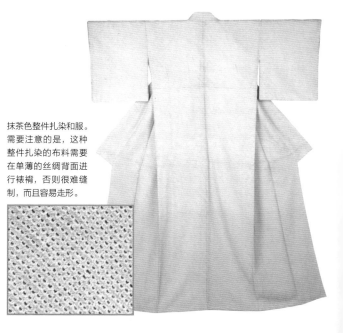

抹茶色整件扎染和服。需要注意的是，这种整件扎染的布料需要在单薄的丝绸背面进行裱褙，否则很难缝制，而且容易走形。

则叫"总一目"。

疋田扎染:
疋田纹样比一般的鹿子面积大,是一种四角形图案。并且,研究全国绢织布和印染布的学者明石认为,疋田(hita)是"直(hita)"的音变,因此疋田扎染其实就是整件鹿子扎染。这种花纹也叫"疋田鹿子"。

绣有日本刺绣的整件疋田扎染的布料,是一件精致的高档和服。肩裾处绣有刺绣,类似于访问和服。腰带应选择高格调的丸带或袋带。

整件扎染的羽织,需要按照条纹图案分开染色,因此工序十分复杂。不过,整件扎染的羽织也完全可以当作休闲和服穿着。

穿着建议

虽然扎染和服价格较高,但是不能在正式场合穿着。扎染和服不是纹付和服,因此比留袖级别低。不过扎染和服自身的级别并不低。只要不是出席正式的仪式,也可以将扎染和服作为访问和服穿着。

茶屋辻

只供侍女使用的纹样、德川家的『家纹』

江户中期以后，侍女的夏季正装叫茶屋辻，原本是一种名为『帷子』的麻布单衣。

蓝染的夏衣布料

江户中期后，侍女的夏季正装上使用的纹样是如今广为熟知的茶屋辻纹样。作为德川御三家[1]的家纹，普通百姓根本接触不到。

茶屋辻原本是进行了蓝染的奈良漂白布或越后上布的高级麻布，纹样是四季的花朵或水畔的风景等。后来也出现了丝绸染色后在某些部分绣上红色的刺绣的做法。

现在，只有在博物馆里才能看到真正的茶屋辻，不过偶尔也能看到有一些印染成茶屋辻风格的茧绸单衣。

穿着建议

茶屋辻是只供德川家侍女使用的纹样，因此要穿出其独有的高雅气质。腰带也应当搭配高格调的材料与样式。图案元素、花纹都需精心选择。需要注意的是，整体不要搭配得过于俏皮。

生茧绸访问和服。现代风格的纹样是由江户时期的茶屋辻纹样改造得来。下前是深蓝色，上前是染有茶屋辻纹样的片身替[2]。

注: 1. 德川御三家：日本德川将军家族中尾张、纪伊、水户三家直系分支。
2. 片身替：左右半身的底色、花纹、质地不同。

有松·鸣海扎染

（产地：爱知县名古屋市）

武士推广的扎染浴衣面料

元禄时代，参勤交代的大名和武士将有松·鸣海扎染布作为本土特产，进献给江户幕府以及领地主君。因此，有松·鸣海扎染布在不久后便闻名全国。

主要用于制作浴衣

有松·鸣海扎染布是有松町·鸣海町地区生产的扎染棉布的总称。

有松·鸣海扎染常被用来制作浴衣，它的主要特点是拥有式样繁多的扎染图案，而这些图案都是拥有熟练技术的工人所创造的。

有松·鸣海扎染布种类分为三浦扎染、鹿纹扎染、卷上扎染、龙卷扎染、柳扎染、蜘蛛扎染、岚扎染、筋扎染等。

扎染的各个步骤是分开进行的。制作流程如下：绘制图案—雕刻纸型—按纸型在坯布上刷出图案—扎染加工。

对技术要求最高的是扎染加工这一步骤。不同的扎染类型其绳线的捆扎方式、缝制方式、缠绕方式也

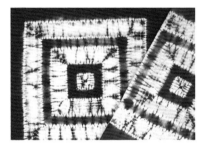

有松·鸣海扎染的靠垫布。江户时期传承至今的传统技术，现在也被应用在室内装饰品上。

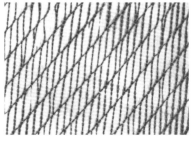

岚纹样（网眼）。不论是时髦的浴衣，还是方巾或室内装饰，都能体现出有松·鸣海扎染布料的精致与考究。

不相同。印染一反的反物
需要多少种扎染手法，就
需要配备多少位染织工人。

开端——豆纹扎染的方巾

有松·鸣海扎染的始
祖是竹田庄九郎。他最开
始拿到市面上售卖的豆纹
扎染三河棉布方巾是鸣海
扎染的原型。之后，有
松·鸣海扎染的缰绳因被
上贡给幕府而闻名全国。

在江户时期，西边的
各位大名因为参勤交代需
要在江户和领地之间来往。
对他们来说，有松·鸣海
是十分有名的街巷路网式
驿站。浮世绘画师安藤广
重曾有一幅描绘东海道
五十三站的画，其中就有
在鸣海驿站众多店铺贩卖
有松·鸣海扎染布的场景。

在此处投宿的武士，
将有松·鸣海扎染布作为
土特产带回各自的领地，
有松·鸣海扎染布也因此
遍布全国各地。

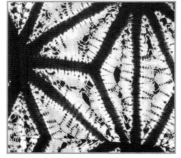

麻叶纹样的鸣海扎染
浴衣。麻是一种生长
速度很快的植物，象
征着健康成长，因此
常用作儿童服装的图
案，当然用在成人的
浴衣上也十分时尚。

穿着建议

有松·鸣海扎染的浴衣轻便且凉爽，
本人也十分喜爱。我经常直接穿着
有松·鸣海扎染浴衣（不穿半衿）、
光脚穿木屐去附近的商店购物。相
比于普通的浴衣，有松·鸣海扎染
的浴衣更能给人舒适安稳的感觉。

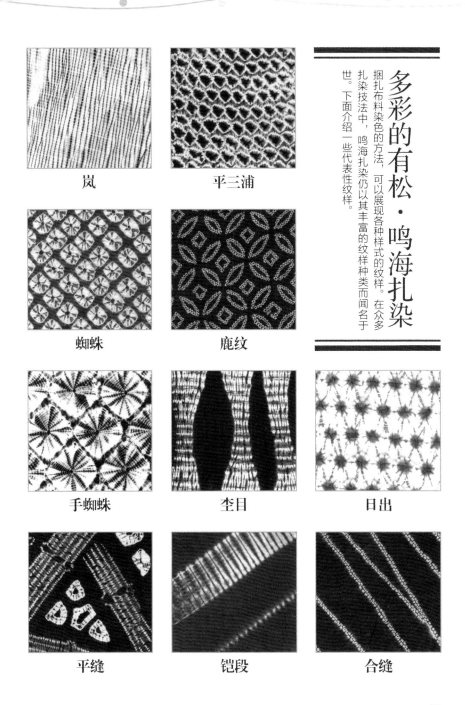

岚　　　　　　平三浦

蜘蛛　　　　　鹿纹

手蜘蛛　　　　垒目　　　　　日出

平缝　　　　　铠段　　　　　合缝

多彩的有松・鸣海扎染

捆扎布料染色的方法，可以展现各种样式的纹样。在众多扎染技法中，鸣海扎染仍以其丰富的纹样种类而闻名于世。下面介绍一些代表性纹样。

出浴后或晚上穿着的居家服

浴衣的别称是"江户中型"。在江户，人们用中型纸在白底布料上印染蓝色纹样，或在蓝底布料上印染白色纹样，"江户中型"的名称因此而得来。

江户中型原本是出浴后穿着的浴衣或晚上在家里穿着的居家服，到了现代，许多年轻人也开始在白天穿着浴衣。

可能是因为现代出现了浴袍，浴衣便升级成为外出穿着的和服。并且，近来浴衣图案也更加丰富。

浴衣很容易被认为是谁都可以穿的服装，然而要穿好浴衣却比想象的难。睡衣式浴衣和旅馆的浴衣虽然是实用性较强的服装，但是如果把浴衣作为

江户中型

（产地：东京市）

制作浴衣的清凉布料，深受江户平民喜爱

在古代，贵族入浴时，要用汤帷子将水汽擦去。这种汤帷子经过演变后成为浴衣，是一种类似于现代浴袍的服装。

用蓝色染料型染了流水和扇子图案的白色和服。这种和服在过去一般是在出浴后或在家里穿着，范围再大一点就是在傍晚纳凉散步时穿着。

体现日本夏季傍晚风景的一种季节性服装，我还是希望能够穿出它本身的美感。

　　浴衣原本是一种贴身穿着的服装，容易突出身体曲线。因此，女性在穿着浴衣时要搭配衣襟或衣纹，恰当地展现出女性之美，避免穿出庸俗感。

流水与牵牛花重叠的图案。虽然只使用了蓝和灰这两种朴素的颜色，却十分适合年轻人。若搭配蝴蝶结或文库结的红色或黄色的半幅带，则十分可爱俏丽。

与其说是浴衣图案，实际上是一种蓝染绉绸常见的图案。浴衣面料是绉绸，因此如果外搭半襦袢或半衿，也可用作已婚女性的外出和服。

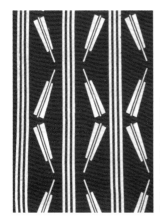

蓝底布料与白色纹样的搭配。条纹和扇子的线条都是直线，给人以俏皮潇洒之感。这种图案比较适合成熟的女性。腰带选择黑色献上图案的白色布料，将半幅带牢固地系成贝口结。

穿着建议

浴衣已逐渐成为一种外出和服，因此必须穿着内搭服装。通过内衣和衬裙等塑造身体曲线，能够避免将衣服穿走形。

南部印染

（产地：岩手县盛冈市）

中途没落的传统染色技法，后由本地人再次振兴

在古代，只有贵族才能穿紫色的和服，这种紫色布料是用紫草根染色而成的。据说，这种技法在镰仓时代之前就已传入南部地区。

耗费两年印染成色

万叶和歌中经常会出现茜草和紫草，然而这两种茜染和紫根染的原料，现在只有在岩手县南部地区的少数区域能够看到。

过去的鹿角地区，生长着丰富的茜草、紫草以及可以制作媒染剂的华山矾，丰富的自生原料也孕育了该地区的染色技术。

如果要用古代秘传的技法染色的话，需要在华山矾灰中进行一百二十次到一百三十次的底染，然后再重复进行十几次本染。所以要印染一匹布料，需要花费两年多的时间。

印染后的布料还要在橱柜中放置一年，使其固定着色。

当地人为复兴南部印染而不懈努力

伴随着化学染料的快速发展，这种传统的染色技法曾一度面临失传的危险。但是在相关人士的努力之下，南部印染又得

南部茜染"义十七番御所车"。在古代，茜色被称为太阳之色。

以振兴。大正五年左右，南部印染技术开始逐渐复苏。昭和八年成立的"草紫堂"，使得相关研究又得到进一步发展。如今，这种传统染色技法也在不断吸收现代的先进技术。

南部印染技法不仅能染出美丽生动的色彩，在纹样设计方面也有自己的特色。

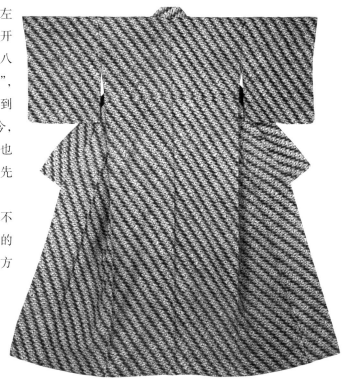

若想呈现沉稳高贵的紫色，则要给予布料充分着色的时间。紫色的深浅程度取决于染色的次数。

穿着建议

南部地区的紫根染染出的颜色是略带红色的紫色。扎染和服和京鹿子有着完全不同的韵味和风格。腰带不宜选择华丽的织锦，最好搭配质感粗糙、类似于古代绣片的时尚袋带。

蜡染

根据裂纹随机制成纹样，充满了『偶然』的乐趣

蜡染被认为是正仓院之宝。随着时代变迁，蜡染的表现方法虽然有所改变，但至今依然深受日本国民的喜爱。

天平时代发明的染色方法

最初从中国传入日本的三种染色方法是绞缬、夹缬、蜡缬。这三种染色方法被称为天平三缬，分别发展成为扎染、板染和蜡染。

蜡染是一种使用蜡染色的手法。蜡风干后会产生裂缝，形成独特的裂纹。每个裂缝的形状都有所不同，因此将燃料填入裂缝后，能呈现出各类有趣的纹样。

用笔蘸蜡画图的方式叫作"蜡描"。

穿着建议

图中的付下和服和留袖的级别不同。因此，虽然是全黑底色，却不能在婚礼上穿着。参加兴趣小组或者聚会时，可以搭配白色系腰带，能够凸显清新雅致的气质。

和服的图案是树枝萌发的新芽，此和服适合在万物生长的 5 月穿着。袋带或名古屋带都可以搭配此和服，最重要的是要搭配高级别的时尚腰带。

第四章

和服的基础知识

和服的保养方法

保持和服常穿如新是十分重要的。在收纳和服时，就要开始为下次穿着做准备。和服的制作需要许多人共同合作才能完成，因此认真保养也是一种尊重和服的礼仪。

①吴服店或商场都能买到和服专用衣架。普通衣架虽然也可以用来挂和服，但和服专用衣架不会使和服走形。

②用浸染了挥发油的棉布拍打和服，擦拭袖口等部位。如果和服沾染了油渍，需要将毛巾垫在衣服下面，用纱布或棉布拍打和服后抻平。

③在折叠之前，用手掸去裾上的灰尘。

丝绸和服

丝绸和服的质地是动物性蛋白质。蚕不断从口中吐出白色丝胶，制成蚕茧，人们利用蚕茧纺织出美丽的丝线。

丝绸和服的制作费时费力，价格较高。因此比起其他面料的和服，应更加注重保养。下面将介绍丝绸和服的保养方法：

①脱下和服后，应立即挂在专用衣架上通风。通风时间需要两小时左右。

②通风后，用浸染了挥发油的棉布或纱巾擦除衣领

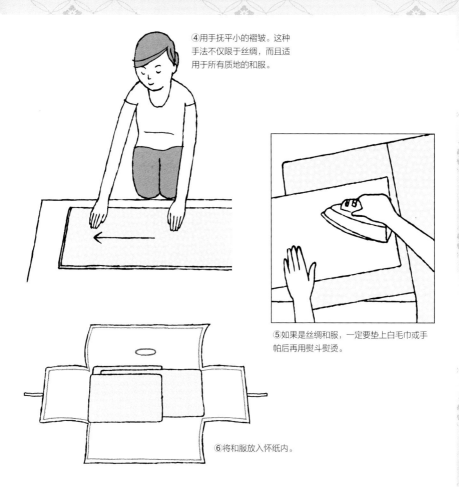

④用手抚平小的褶皱。这种手法不仅限于丝绸，而且适用于所有质地的和服。

⑤如果是丝绸和服，一定要垫上白毛巾或手帕后再用熨斗熨烫。

⑥将和服放入怀纸内。

上的污垢。此处需注意，如果浸染的挥发油过多，可能会导致和服沾染油渍。

③按照折痕细心地将和服叠好。折叠方法不当会产生褶皱。

④在折叠之前，用手轻抚和服。人的体温在 36 摄氏度左右，因此能够抚平小的褶皱。

⑤如果必须用熨斗熨烫，则一定要垫上白色棉质垫布。

⑥放入怀纸中。如果有自己清理不了的油渍或污垢，最好交给洗衣店或吴服店处理。

并且，丝绸和服可以整洗，也可拆洗，清洗之前最好去吴服店询问清楚清洗方式。

麻布、芭蕉布和服

麻布和芭蕉布和服一般在盛夏时节穿着。面料虽然透气轻薄，但是因为麻纤维被强力撑开而失去弹性，再加上其独特的纺织手法，使得麻布和芭蕉布和服容易起褶皱。如果长时间保持正坐，站起来后膝窝处会形成衣褶。

并且，即便用熨斗熨烫，效果也不如棉布和丝绸的效果明显。

考虑到麻布和芭蕉布的上述性质，脱下和服后立即除汗对保养和服来说是非常重要的一步。因为如果不对汗液进行处理，汗液就很容易渗进和服，形成汗渍。

第一，将一块干毛巾贴在和服表面，用另一块拧干水分的湿毛巾拍打背面。这样一来，汗液会被干毛巾吸收。同时，也需要多次涮洗湿毛巾。

第二，再把干净的干毛巾夹在和服表里之间进行擦拭。背部易出汗，需要特别注意和服背部的清洁。

如果没有大量出汗，就不需要进行如此烦琐的工作。只需将干毛巾贴在背面，用拧干水分的湿毛巾拍打表面即可。

如何穿出夏装和服的清凉感

要想将夏装和服穿出清凉感，需要做好相应的准备。只要时刻保持着注意仪表的意识，就不会呈现出多汗的模样。如果大汗淋漓地穿着和服，周围的人看到后反而会感觉更加炎热。

不过，夏天出汗难以避免，因此需要搭配内衣。内衣应选用吸汗的材料，必要时可以穿两层。

穿着纱或上布等材质较为透明的和服时，最好也搭配内衣。虽然穿两层衣服会更热，但是会让观者感觉凉爽。这对他人来说是一种视觉享受，希望穿着和服的人能时刻谨记这一点。

然而手肘到袖口的小臂处、裙的膝窝处的小褶皱很难去除。但只要喷上水雾，这些小褶皱就能立即消失。然后再将和服通风晾干。

92

棉质和服

棉布也是植物纤维，但是与麻布和芭蕉布相比，不太容易产生褶皱。保养过程虽然相对比较轻松，但仍需要有认真的态度。

棉布质地的代表性和服就是绊。绊是色织布，但也有蓝染的匹染布。在保养非物质文化遗产的高级绊或匹染布时，应考虑其不同的染色方法，慎重地进行保养工作。

大型洗衣店能够整洗棉质和服。用挥发油去除衣领处的污渍后，再垫上熨烫垫布，用熨斗熨平褶皱。

即便是棉布，也不能喷上水雾后随意熨烫，否则很可能导致带有袷的和服的表里面料走形，或是布料松弛。

并且，应格外注意上等细布等夏季轻薄和服的保养，熨斗需要沿布纹轻轻熨烫。

化纤和服

化纤和服的材料简单来说就是尼龙、涤纶、醋酸纤维等。近来也出现了十分接近丝绸手感的化纤和服。虽然材质各不相同，但化纤和服在家里也能进行整洗，处理起来十分方便。将整件和服放入洗衣机中清洗后，挂在浴室中晾干。水滴的重量就能够展平衣服上的褶皱，即便不用熨斗熨烫，第二天也能平整如初。

但是也有人说化纤布料在清洗后会缩水。因此，在清洗前需要仔细阅读洗涤说明。

同时，熨烫时需要注意温度不要过高，防止纤维融化或出现烧焦的味道。熨烫时应垫上熨烫垫布，选择低温熨烫，且时间不宜过长。

和服的组成部分

和服的各部分都有自己独一无二的名称，例如衽、裾吹等。一开始可能会看得晕头转向，但最好还是记住各部分的具体名称。

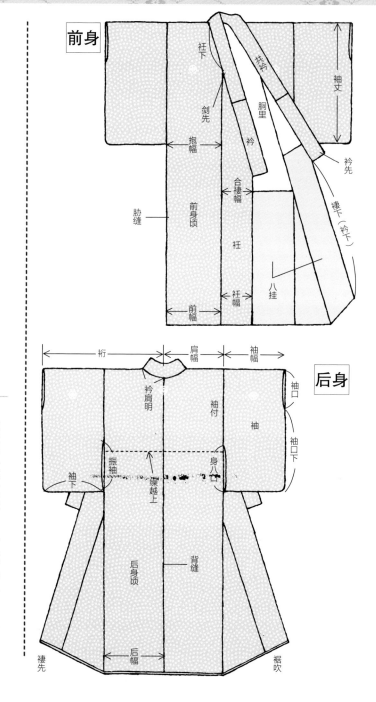

前身

衽下
剑先
抱幅
胁缝
前身顷
前幅
衽幅
共衿
胴里
衿
合褄幅
衽
八挂
袖丈
衿先
褄下（衿下）

后身

袿
肩幅
袖幅
衿肩明
袖付
袖
袖口
袖口下
振袖
袖下
缲越上
身八口
背缝
后身顷
后幅
褄先
裾吹

和服及腰带的叠法

和服的叠放有固定的顺序，如果折叠顺序不正确，那么下次穿着时就会出现折痕。下面将介绍长襦袢、和服以及腰带的代表性叠法。

长襦袢的叠法

1 从长襦袢两边的侧缝开始，按照下前、上前的顺序一层层叠放整齐。

2 提起下前的肋缝，将衣身向中央折叠。

3 将右手袖子折回。注意袖口不要超过右肋缝。

4 上前也按照相同的方法折叠。

5 提起裾，将下半部分身长向上折叠后完成。

和服的叠法

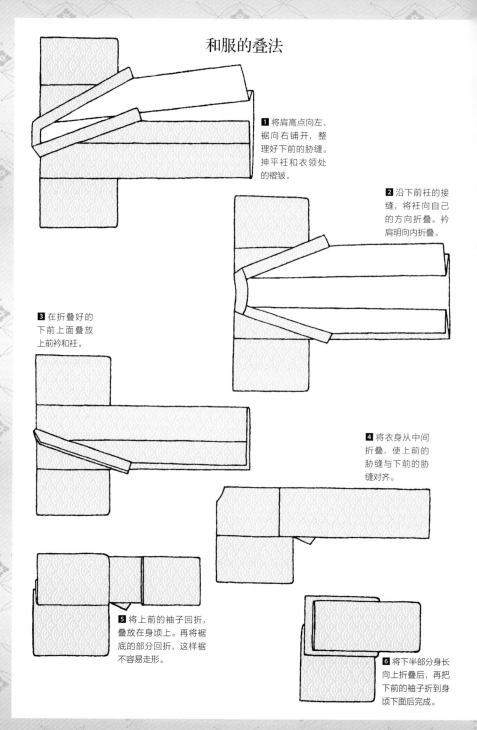

1 将肩高点向左、裾向右铺开，整理好下前的胁缝。抻平衽和衣领处的褶皱。

2 沿下前衽的接缝，将衽向自己的方向折叠。衿肩明向内折叠。

3 在折叠好的下前上面叠放上前衿和衽。

4 将衣身从中间折叠，使上前的胁缝与下前的胁缝对齐。

5 将上前的袖子回折，叠放在身顷上。再将裾底的部分回折，这样裾不容易走形。

6 将下半部分身长向上折叠后，再把下前的袖子折到身顷下面后完成。

袋带的叠法

1 腰带正面在上，从中间一折为二。

2 然后再将一侧三分之一的腰带向中间折叠。

3 最后再把另一侧三分之一的腰带向中间折叠。

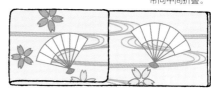

名古屋带的叠法

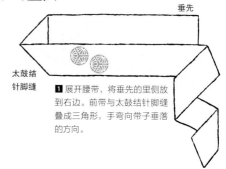

垂先

太鼓结针脚缝

1 展开腰带，将垂先的里侧放到右边。前带与太鼓结针脚缝叠成三角形，手弯向带子垂落的方向。

2 将手先沿腰带的顶端九十度向上折叠。

太鼓结针脚缝

3 将手先折成三角形，腰带顺向太鼓结针脚缝的方向。

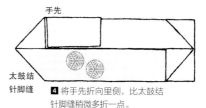

手先

太鼓结针脚缝

4 将手先折向里侧，比太鼓结针脚缝稍微多折一点。

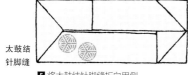

太鼓结针脚缝

5 将太鼓结针脚缝折向里侧。

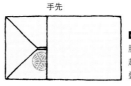

手先

6 提起垂先，将腰带从中间折起。注意不要折叠在图案上。

和服家纹

日本所有家族都有自己的家纹，这在全球范围内都是十分罕见的。欧洲一般只有王室或贵族才有家纹。家纹是体现家族起源的标志。从设计的角度来看，家纹也是十分精美的艺术品。

与时代一同发展的家纹

平安时代中期，人们开始使用有职家纹作为朝廷公职人员服装的纹样，这可以看作家纹的起源。

束带的朝服上开始出现各家独有的纹样后，这些纹样也用在了生活中的日常用品、御所车等物品上。

由有职纹样发展而来的朝服纹样，大多是优雅考究的图案。而武士家族的家纹是印在战旗、认旗或帷幄上的，作用是区别敌我阵营，因此武士家族的家纹多为艳丽花哨的样式。

在阵羽织上纺织或印染家纹大约是从战国时代开始的。在和平的江户时代，武士越来越重视门第和礼节。因此，家纹也开始在表示礼节方面承担起重要的作用。

这一时期的长治久安，使武士家族也开始设计具有美感的装饰性家纹。

到了明治时期，裃等男子礼服被废止，带有家纹的和服便成了唯一的礼服。

家纹的数量与使用

家纹的数量和形状决定了家纹的等级。家纹分为五纹、三纹、一纹，数量越多级别越高。

第一礼服使用五纹，男子可用在羽织和和服上，女子可用在留袖、嫁衣振袖或丧服等服装上。位置是背部中央一纹、左右外袖各一纹、两片前身顷胸前两纹，一共五纹。

家纹的大小，男女有所不同。男性用家纹的直径为 3.5 ~ 3.8 厘米，女子用家纹直径在 2.1 厘米左右。关于家纹的位置，背部家纹是在背缝中间、衿付向下 5 ~ 7 厘米的位置；前身顷的胸纹在肩高点向下 15 厘米左右的位置；外袖袖纹是在袖山向下 7.5 厘米左右的位置（参照

家纹种类

表纹

又称向阳纹。将家纹阴文印染成白色。

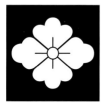

无圈纹

与表纹相同，只是省去了外部的圆圈，因此整体感觉更柔和。一般用作女性家纹。

里纹

又称阴纹。只对图案轮廓进行阴文印染，线条纤细。也有用缝纹来表现轮廓的里纹。

地落纹

又称石持。先将整个图案染成白色，之后再用黑色染料描绘家纹的形状并填充颜色。

觇纹

艺人喜爱的时髦图案，只露出家纹的一半图案。

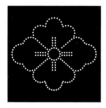

缝纹

用刺绣的方式表现家纹形状。根据绣法的不同，又分为芥子绣（图示绣法）、须贺绣、蛇腹绣、绞绣等。

94 页插图）。

三纹比五纹级别低，位置在背部中心和左右两侧的外袖上。三纹一般用在男子简便礼装的御召上，而不是羽二重礼服上。女士和服多用在色留袖或色无地上。虽然既有阴文印花家纹，也有缝纹家纹，但是三纹的阴文印染花纹要比缝纹等级更高。

一纹的位置在背缝处。男性的一纹家纹是茧绸或御召羽织的缝纹，女性的一纹家纹是访问和服或绫质色无地的阴文印花纹或缝纹。

家纹的多种画法

根据表现手法的不同，即便是同种家纹，也分为表纹、地落纹、里纹等种类。

家纹中还有采用分染、分绣、晕色等方式的加贺纹，以及将恋人双方的家纹组合绘制的比翼纹等类型。

御所车纹

古代的王公贵族外出乘坐的牛车叫御所车。御所车纹一般印在皇家住所的风景建筑或花园的摆设上面。虽说是牛车，但图案中既无人也无牛，意象可无限延展，能够引导人们进行天马行空的想象。图示御所车是鲜花装饰的花车图案。

纹样
大全

　　和服和腰带的纹样样式繁多。既有吉祥纹样，也有从遥远的丝绸之路传入日本的纹样，这些纹样经过长时间的演变与发展，最后固定下来。如果能了解各种纹样的含义，就能增加一份欣赏和服的乐趣。

熨斗束纹

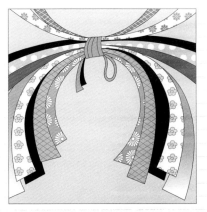

此纹样寓意吉祥，构图比较夸张，一般是覆盖振袖肩部以下的整个背部，可以用在参加七五三庆典时穿着的和服或是婴儿参加庆典时穿着的服装上面。过去，抻长的干鲍鱼片常被用作宴会的赠礼，于是人们根据干鲍鱼片的形状创作了细长的带状图案——熨斗束纹。

寿　纹

寿纹用在庆祝吉事的场合。"寿"字有长寿祝福之意，因此有各种字体的"寿"字图案。寿纹有多种不同的字体布局，绢织物和印染物都可以使用，常用作袋带纹样、包裹布或庆礼的袱纱巾上的图案。

凤蝶纹

蝴蝶纹样有多种类型，例如对蝶、花丛中飞舞的蝴蝶等，其中以华美著称的凤蝶纹有着别具一格的美丽。在印染蝴蝶团的翅膀处绣上刺绣，则更加突出立体感。破茧成蝶、悠扬起舞是一种吉利祥瑞的景象，因此蝶纹深受武士家族的喜爱。

鹤丸纹

白鹤展翅、合拢成圆形的鹤丸纹。除此之外，还有两只鹤相对的对鹤丸纹。此纹样多用在新娘嫁衣的打挂、丸带、袋带等奢华的绢织物上，同时也是友禅染振袖常用的吉祥纹样。

吹寄纹

吹寄纹描绘的是银杏、松叶等树叶被秋风吹落时的样子。吹寄纹一般零星地点缀在整件和服或腰带上，常用于印染小纹和服，或用来修饰印染腰带的太鼓图案。吹寄纹的名称体现了浓浓的秋日情调，纹样也深受人们的喜爱。

雉 纹

雉是日本的国鸟，极受重视。雉是一种充满了母爱的鸟，因此是一种象征子孙繁荣的吉祥鸟。雉羽优美，格调高雅，无论是绢织物还是印染物都可以使用。雉纹中，既有描绘雉与花草的图案，也有单独描绘雉的图案。

葵 纹

葵纹因是德川家的纹饰而广为人知。树叶和不断伸长的根茎意为生长和发展，是一种吉祥的纹样。根茎向上生长的形态不仅拥有美好的寓意，也是一种非常俏丽的图案。葵纹还可以设计成花、叶、茎组合的花丸纹，可作为华丽型服装或腰带的纹饰。

四君子纹

梅、兰、竹、菊四种图案组合的纹样。既有型染纹，也有类似手绘友禅的绘制纹样。梅花和菊花属于季节性植物，所以四君子纹是四季通用的纹样。

源氏香

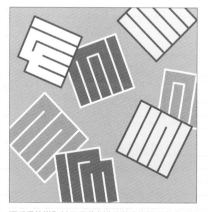

源氏香纹样取材于香道中辨香游戏的得分方式。源氏香的香名取自除去了卷首和卷尾的五十二帖源氏物语的卷名。辨香游戏的玩法是玩家在回答香名时，需要通过连线的方式回答。这种线条组合的图案趣味十足，因此成了纹样，被广泛用在衣服和餐具上。

桐竹凤凰纹

桐竹凤凰纹多用在皇家的服装和日常用品中，是一种吉祥尊贵的纹样。凤凰是中国传说中的神鸟，据说只有圣帝出现时，凤凰才会现身庆贺。凤凰"非梧桐不栖，非竹实不食"，因此桐竹凤凰纹是凤凰、梧桐树和竹子的组合图案。

菊水纹

菊水纹作为楠木正成的旗印纹饰而为人熟知，是一种象征长命百岁的吉祥图案。半朵菊花浮在流水之上，有"初露锋芒，富贵显达"的含义，所以菊水纹深受人们喜爱。

雪轮纹

线条凹凸不平的圆环叫作雪轮。有的纹样只使用雪轮纹，有的纹样还会在雪轮中加入当季的花朵样式，绘制成华丽的图案。还有一种与雪轮纹十分相似的纹样，名为雪华纹，是表现雪花结晶的纹样。

观世水纹

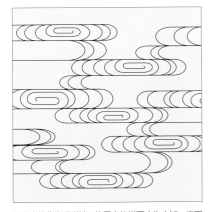

观世水纹作为观世流[1]的固定纹样而广为人知，表现的是水流旋涡。观世水纹多用在能乐表演服装或中启（扇）上，是一种格调高雅的纹样。虽然样式简单，但风格不俗。

花丸纹

花丸纹就是花朵组合的一个圆环。无论是菊花、梅花，还是其他花草，只要是花就能组成花丸纹。其表现手法是绢织、印染或刺绣等。也可与雪轮纹搭配使用，优美的意境更上一层。若在振袖等华丽的和服上的花朵周围或是花瓣尖上施以刺绣，则更能凸显图案的立体感。

注：1. 观世流：日本能乐主角演员的一个流派。

青海波纹

古时就出现了在能的表演服装上贴金银箔来表现波浪的形式。江户时期，也开始通过小纹染的方式在武士的裤或和服上印染波浪纹样。青海波纹因寓意吉祥而备受喜爱，同时也被称作表现宇宙之神的灵波的纹样。

牡丹唐草纹

唐草起源于尼罗河附近。唐草图案多见于名贵的绣片或正仓院御用品等舶来绢织布。牡丹唐草纹把古时象征丰饶与多产的枣、象征万物复苏的神圣的睡莲等植物的曲线形态进行纹样化，分为铁线唐草等多种类型。

七宝纹

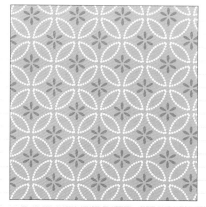

七宝纹属于七宝结，图案中的每一个圆形在圆周四分之一处与其他图形重叠相连。据说七宝纹的七宝是指佛教中的金、银、琉璃、玻璃、珊瑚、玛瑙、珍珠。七宝纹在室町时代通过绢织物从中国传入日本。

忍冬纹

忍冬纹的原型是盛开在梅雨时节、惹人怜爱的忍冬花。这种花是从遥远的希腊和波斯传入日本的。飞鸟时代的法隆寺的释迦三尊像的背后也出现了忍冬纹。虽然忍冬纹是外来纹样，但是现在也发展成为日本国民熟悉且喜爱的日式纹样。

纱绫形纹

平安贵族的绢织服装经常使用的纱绫形纹，是一种从中国传入日本的绢织纹样。到了江户时期，平民也开始使用纱绫形纹。纱绫形纹的原型是佛教的"卍"字符，现代的纱绫形纹被广泛用作绫或缎子的底纹，属于庆悼两用图案。

龟甲纹

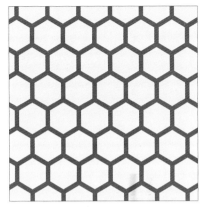

据说这种六角形图案容易让人联想起龟甲，因此取名龟甲纹。人们常说"龟鹤遐寿"，因此龟甲纹作为一种象征吉祥长寿的图案受到民众的广泛喜爱。无论是平安朝的朝廷官服、能的表演服装，还是现代的袋带，都能搭配龟甲纹，使用范围十分广泛。

麻叶纹

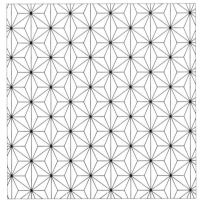

麻叶纹因图案形状类似麻叶而得名。麻是一种结实、坚韧且生长速度很快的植物，因此麻叶纹常被用作新生婴儿服的纹样。除此之外，该纹样也广泛使用在长襦袢、伊达狭腰带上面。有人说麻叶纹是以正六角形为基础而创作的图案，但是仁者见仁，智者见智，也有人说麻叶纹的原型是网眼纹。

网眼纹

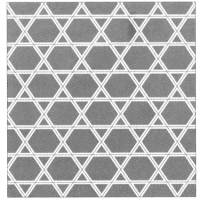

编织竹筐时，或横或斜的竹子线条组合形成了几何图案。竹筐的网眼形状看起来与大卫之星一模一样。据说，大卫之星也曾是远古姆大陆的徽章。有的地区会用装饰性丝线将网眼纹缝在新生婴儿服的背纹处或是付纽根部，以祈求孩子健康成长。

吉原系

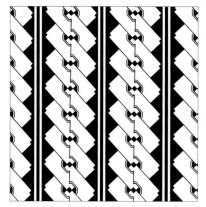

吉原系是一种江户的代表性纹样，经常出现在江户人节庆时穿着和使用的半缠、手巾或浴衣上。该纹样在现代也被广泛使用。据说，在古代，一旦进入吉原的烟花柳巷，便很难脱身，因此这种连接不断的锁链图案就称作吉原系。

毗沙门龟甲

毗沙门龟甲是龟甲纹的一种，纹样是三片龟甲组合的图案。毗沙门天是四大天王之一，身穿七宝庄严甲胄，是七福神中福德富贵的守护神。据说甲胄的纹样是龟甲图案，因此该纹样起名"毗沙门龟甲"。

万 筋

万筋是细的竖条纹，意为一幅布料上有上万根条纹。除万筋之外也有千筋条纹，不过条纹之间的距离比万筋要宽。还有条纹极细的毛万筋，也叫极万筋，如果不靠近细看会以为布料是无地。

鳞 纹

正三角形与倒三角形交互组合的纹样很容易让人联想到鱼鳞。在能或歌舞伎的表演中，蛇的化身或女鬼的服装经常使用此纹样。据说鳞纹能够辟邪，女性有在厄运年穿带有鳞纹服装的习惯。大概是因为鳞纹是龙神的鳞，人们认为把鳞纹穿在身上，龙神就能守护自己。

鲛 纹

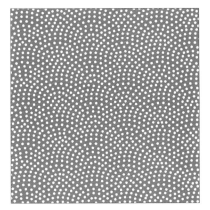

以鲛小纹闻名的鲛纹纹样，因图案类似鲨鱼皮而得名鲛纹。在江户时代，大名家族会在裃或足袋上印染小纹图案。鲛小纹过去是九州岛津家的定小纹。鲛小纹是格调高雅的小纹图案，因此配有家纹的鲛小纹和服与色无地的级别相等。

貉菊纹

貉菊纹是庆悼两用的纹样，因此可用作绫质白色长襦袢的地纹或丧服腰带的地纹，并且也可以用作江户小纹等印染和服的纹样，使用范围广泛。纹样的菊花花瓣像是貉的毛发，因此得名"貉菊纹"。

云立涌纹

波涌与云彩组合的纹样，是平安时期贵族使用的官服纹样。云立涌纹因格调高雅，现在多用作礼服和正装的袋带的图案。云立涌纹是印染纹样，当然也可以用在小纹和服中。去掉云彩的图案就是立涌纹。

通 纹

许多小颗粒有序排列的纹样是通纹，与鲛小纹同为格调高雅的江户小纹图案。正方形图案整齐排列的方式叫角通。通纹和服可作为配纹和服穿着。

青花：绘制手绘友禅的草图时所使用的颜料。将浸泡过鸭跖草汁液的和纸（青花纸、蓝纸）进行干燥，用水化开后方可使用。

绫织：又称斜纹织，纺织物三原组织之一，纬线每隔两条经线交织一次。特点是经线和纬线的交织点有一定的倾斜角度。绫属于绫织物。

板染：原本指的是天平三缬中的夹缬。板染制作的布料有板染友禅、板扎染等，是将布料夹入雕刻好的板型之间染色的方法。

衿比翼：将暗门衿进一步简化的和服，只有领子部分是两层。

带枕：腰带打结时所需的软垫。

御召：色染布御召绉绸，是由一种名为御召纬的熟丝缝制而成。熟丝指的是去除了生丝杂质的蚕丝。将熟丝染色后，用蕨菜粉制成的糊上浆，然后搓捻丝线。将搓捻了两千次以上、长度为一米的S捻丝线（右捻线）和Z捻丝线（左捻线）纺织成二越（S捻丝线和Z捻丝线各两根，交互织入），便可制成御召。

絣足：絣纹样与底色的分界线。

生丝：从蚕茧中直接缫制的蚕丝。未经脱胶，所以不能染色。

生织物：用未精炼的生丝直接织成的布料。特指羽二重、绉绸、绫坯布。经过纺织、精炼和染色后方可使用。

着尺：制作和服的织物。缝制一件成人和服需要一反布料，其宽称为着尺幅，长度是九寸五分（鲸尺：约36厘米），长称为着尺丈，长度是三丈（约11.4米）。不过现代人的身高普遍高于古代人，因此一反的长延长至三丈三寸。

坯布：纺织后未经整染加工的织物。

平纹麻布：用苎麻丝线和大麻丝线的经纬线纺织，且未经漂白的麻布。多用于制作祭礼服装。

豆汁：先将大豆在水中浸泡，然后磨碎，得到的豆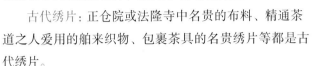
浆状液体就是豆汁。对友禅染等印染布进行染色时，如
果直接染色，染料有可能晕染或无法充分染色。因此染
色前在布料上涂抹豆汁，能更好地固定颜色。

古代绣片：正仓院或法隆寺中名贵的布料、精通茶
道之人爱用的舶来织物、包裹茶具的名贵绣片等都是古
代绣片。

缎纹组织：缎纹组织和平纹组织、斜纹组织相同，都是由四根或五根纱
线组成一个组织。每个循环纱线数量不同，织物表面的光泽度也不同。组织
循环纱线数越大，光泽度越高，但是坚固度越差。

上布：麻织上等布料称为上布。将苎麻撕成极细的麻丝后纺织而成。

配箔：在底料上贴金银箔来表现纹样的手法。

提纯：去除杂质的步骤。提纯后的丝线或布料更易染色，质地也更柔软。

双宫茧：茧内有两粒蚕蛹的茧。

苎麻：麻的一种。取下麻茎皮，撕裂后制作成丝线。

对丈："丈"意为身长，女士和服一般在腰间进行折卷，所以丈一般长于身
高。男性和服不折卷。"对"意为使一致，对丈也就是不折卷，使衣长与身高相同。

仿织锦：仿织锦常与织锦混淆。虽然二者乍看上去十分相似，且都是制作
腰带的主要面料，实则有所不同。仿织锦是指普通手动织布机纺织出来的织
物。织锦则是飞鸟、奈良时代流传下来的织物，古时用作祭坛挂饰或壁挂。
花纹织机纺织的织物在现代是制作腰带的高级面料，被称为"指尖上的艺术"。

茧绸：茧绸也分为很多类别。例如用生丝纺织的大岛绸，用双宫茧直接引
丝纺织的郡上绸，还有先将碎茧或双宫茧制成丝绵，再用丝绵纺成的丝线纺织
而成的茧绸。在养蚕业盛行的地区，茧绸在古代就是人们制作常服的面料。茧
绸和服在过去虽然只是普通便服，但是现在也可用来缝制付下和服或访问和服。

印花：染色技术之一，也称型付或型染，是用纸型、板型或现代的印花
轧辊机在布料上绘制并固定纹样的方法。

织锦：织锦又分为锦缎、仿织锦、织金锻、红底彩色织锦等，是织有华
丽彩色纹样的高级艺术纺织物的总称。

人形：女士和服的袖子叫"振袖"，抬肩以下不缝合，因此袖子会左右晃动。男士和服与之相反，抬肩是完全缝合的，而缝合的部分叫作"人形"。

缝取御召：纹御召的一种。缝取是指在布料上绣出类似刺绣纹样的手法。

八丁捻丝：一种名为八丁捻车的捻丝机纺织的丝线。八丁捻丝机上有一个大车轮，运转起来就像水车。这种机器搓捻的丝线尤其适合制作绉绸。

暗门缝衿和服：只有衣领、袖口、振袖、裾看起来是两层，且腰身处的面料与其他部位的面料不同。

平纹组织："三原组织"是纺织的基本方法，平纹组织是"三原组织"中最简洁的织法。绉绸、羽二重、铭仙等和服属于平纹织物。其纺织形式是经纱和纬纱每隔一根纱交织一次。平纹织物的纹样过于细小，无法用肉眼观察，但是用放大镜仔细观察，就会发现它的形状类似于市松图案。

风通御召：风通是纹织的一种，表里纹样相同，可正、反两穿。风通御召又叫两面锦，是一种从古代传承下来的传统布料。除此之外，使用了御召纬线的风通组织织物也叫风通御召。

解织印花：在假织的布料上用纸型印染图案的方法。

纱罗织物：夏季穿的纱属于纱罗织物。两根经线夹一根纬线拧织后形成了网眼，因此布料上就会出现缝隙，连续纺织该组织就制成了纱。拧织的网眼具有连续性，因此纱质布料看起来薄透凉爽。

纹织：一般指由纹织机纺织纹样的布料。

有职纹样：与相应的纺织品一同从中国传入日本，经过演变，固定成为一种日式纹样。在古代，有职纹样一般用在政府官员的日常用品或服装上，分为立涌、花菱等多种类型。

六通图案：和服腰带的图案分为以下几类：从腰部到太鼓结的花纹全部是同种图案（全通）的；只有腹部和太鼓结有花纹（太鼓图案）的；露在外面的腰带部分有图案、卷进去的腰带部分没有图案的。花纹比例占整体面积的六成的，被称为"六通"。

图书在版编目（CIP）数据

和服之美 /（日）泷泽静江著；杜贺裕译 . —厦门：鹭江
出版社，2018.5
ISBN 978-7-5459-1458-0

Ⅰ.①和…　Ⅱ.①泷…②杜…　Ⅲ.①民族服饰—服饰文化—日本
Ⅳ.① TS941.743.13

中国版本图书馆 CIP 数据核字（2018）第 033367 号

著作权合同登记号
图字：13-2018-005
KIMONONO ORI TO SOME GA WAKARU JITEN
Copyright © S.Takizawa 2007
Chinese translation rights in simplified characters arranged with
NIPPON JITSUGYO PUBLISHING Co., Ltd.
through Japan UNI Agency, Inc., Tokyo

HEFU ZHI MEI

和服之美

[日]泷泽静江 著　杜贺裕 译

出版发行：海峡出版发行集团
　　　　　鹭 江 出 版 社
地　　址：厦门市湖明路 22 号　　　　　　　　　　邮政编码：361004
印　　刷：北京市十月印刷有限公司
地　　址：北京市通州区马驹桥北门口
　　　　　民族工业园 9 号　　　　　　　　　　　　邮政编码：101102
开　　本：880mm×1230mm　1/32
印　　张：3.75
字　　数：94 千字
版　　次：2018 年 5 月第 1 版　2018 年 5 月第 1 次印刷
书　　号：ISBN 978-7-5459-1458-0
定　　价：42.00 元

如发现印装质量问题，请寄承印厂调换。